尽善尽　　弗求弗迪

极速成长

人生进阶七堂课

周俊宇——著

电子工业出版社
Publishing House of Electronics Industry
北京·BEIJING

内 容 简 介

本书作者以亲身经历，展现了一个普通人追求成功的心路历程和深切感悟。作者出身普通，在成长中不断尝试又不断受挫，最终成为多家企业创始人，其有血有肉的真实经历为读者展现了一个普通人是如何通过极速成长实现人生逆袭的。

本书涵盖的内容很广，既有学习、思维、时间、演讲、认知、目标管理等方面的极速成长方法，也有人生定位、精准成长、优势策略、努力与运气的秘密，还有对如何做好人生重大决策、掌握人生关键点的经验分享，可以帮助读者掌握幸福人生，实现多维成长。

未经许可，不得以任何方式复制或抄袭本书之部分或全部内容。
版权所有,侵权必究。

图书在版编目（CIP）数据

极速成长：人生进阶七堂课／周俊宇著．—北京：电子工业出版社，2022.8
ISBN 978-7-121-43578-2

Ⅰ．①极… Ⅱ．①周… Ⅲ．①人生哲学－通俗读物 Ⅳ．①B821-49

中国版本图书馆CIP数据核字（2022）第090012号

责任编辑：黄益聪
印　　刷：三河市鑫金马印装有限公司
装　　订：三河市鑫金马印装有限公司
出版发行：电子工业出版社
　　　　　北京市海淀区万寿路173信箱　邮编：100036
开　　本：720×1000　1/16　印张：17　字数：252千字
版　　次：2022年8月第1版
印　　次：2022年8月第1次印刷
定　　价：49.80元

凡所购买电子工业出版社图书有缺损问题，请向购买书店调换。若书店售缺，请与本社发行部联系，联系及邮购电话：（010）88254888，88258888。
质量投诉请发邮件至zlts@phei.com.cn，盗版侵权举报请发邮件至dbqq@phei.com.cn。
本书咨询联系方式：（010）57565890，meidipub@phei.com.cn。

前言

我辛辛苦苦奋斗了10多年,可我的人生并没有什么起色。但是,当我提升认知、改变方法后,在短短几年时间里,我的收获竟然奇迹般地增长了几十倍。是的,要是我早知道这些方法就好了!

如果人生是一场赛跑,大家的起点相同,那么比的就是速度——谁的速度更快,谁就能更早抵达目的地。此时,速度是衡量胜负的唯一指标。

但是,每个人出生的背景、拥有的资源各不相同,我们所努力的终点,可能只是别人的起点。那我们还有赢得比赛的可能性吗?

此刻,就可能出现强者愈强、弱者愈弱的局面。不过,这是一个你追我赶的过程,哪怕起点较低的选手,只要速度够快,就有可能反转结局、实现逆袭。所以,速度仍然是最关键的因素。

其实,对于人生而言,我们最大的对手不是别人,而是自己。一个人最大的成就,就是用更快的速度超越昨天的自己,战胜自己。

现在,我们先来看一个关于成就的公式:成就 = 能力 × 时间 × 效率 × 杠杆。一个人的能力越强,时间越多,效率越高,杠杆越大,他取得的成就就越大。

能力,从狭义上来讲,是我们分析问题、解决问题、达成目标的工具和方法,是我们赖以生存和发展的基础。除我们本身具有的绝对能力外,大多数能力都需要我们通过不懈的努力、持续的精进、大量的实践而获得。

时间，是人与人在努力上的最大差别。有的人一天工作8小时，有的人一天工作12小时，有的人一天工作16小时……你3年时间所获得的成绩，别人可能用1年时间就超越了。有时候，不是你不努力，而是你没有别人努力。

然而，这里的时间并不是简单的时间叠加，而是高效的时间利用。也就是说，你的勤奋必须是有效率的，有高效产出的。没有生产力的勤奋，都是"伪勤奋"。所以，我们要使用高效的方法，选择恰当的效率工具，效率越高，成就越大。

不过，一个人一生的成就，靠自身的努力，始终是有限的。我们假设一个人的平均年龄为80岁，20~50岁是奋斗的黄金时期。但是一个人的能力再强，付出的时间再多，效率再高，其成就也是有上限的，这时应该怎么办呢？

简单，加杠杆就可以了。比如，你通过努力考上了清华、北大，你在求职时就能获得竞争优势，这张名校文凭就是你的杠杆；你的某项专业技能突出，在比赛中获得了一等奖，这种稀缺能力就是你的杠杆；你的能力让你站上了更大的舞台，在"贵人"的引荐下，你开启了更大的事业，这个"贵人"就是你的杠杆。

当然，你还可以利用团队、产品、影响力、资金、时间、资源等杠杆。只要你的能力内核足够强大，你就能将其复制放大，撬动更大的利益，从而让你的成就最大化。

在这个公式中，能力的获取，主要靠思维的提升、认知的升级、刻意的练习及大量的实践；时间的获取，主要靠时间的管理、长期的坚持；效率的获取，主要靠注意力管理、效率工具；杠杆的获取，主要靠杠杆思维、资源整合。

假设我们人生的阶段性目标是从 A 点到 B 点，按正常的能力水平，需要3年才能达成。如果我们加强学习和实践，提升了能力水平，可能只需要

2.5 年；然后通过增加工作时间，提高效率，可能只需要 2 年；再优化策略，借助人脉或者资源杠杆，可能 1 年就达成了。这就是极速成长的巨大价值。

我们再来看看这个公式：成就 = 能力 × 时间 × 效率 × 杠杆。只要我们的能力越强，时间管理越科学，效率越高，杠杆越大，我们取得的成就就越大。而能力、时间、效率、杠杆都取决于一个因素，就是我们的成长速度。成长速度越快，成就就越大，这就是极速成长的要义。

在大学毕业后的 10 余年里，我从事了 10 多个行业，经历了大大小小几十次失败。我不断踩坑，不断遭遇困境，成了名副其实的"踩坑大王"。当我回首过往，深度复盘后，发现成长缓慢是我屡遭失败的主要原因，我的成长速度远远追不上我的勃勃野心。

后来，我通过大量学习和实践，在短短 2~3 年内，获得了飞速成长：我从性格内向、不善言辞，进化成了演讲达人，即使面对数千人的舞台、央视的采访，我也能轻松面对；我从红海竞争中发现了商机，创造了多个行业礼品全国销量第一的纪录；经过刻意练习，我的单次销讲创造了业内的销售奇迹；我也曾帮助一家企业利用短短 1 年时间，就实现了销量百倍增长。

关于成长的很多经验，我迫不及待地想与你分享。比如，成长与年龄无关，不断突破才能获取成长的营养；人生有很多坑是不需要我们以身试险的，学习他人的经验至关重要；时间不是我们的竞争力，投入压倒性时间，才是我们的竞争力；选择很重要，在关键节点选择错误，会导致一生的遗憾；年轻时要在正确的方向上敢于犯错，抓紧试错，否则时间不会再给我们机会……

在这本书里，我把自己的亲身经历，以及让我不断成长的方法和经验都写下来，分享给你，从思维、认知、学习、选择、创业、人际关系等多个方面对成长进行了剖析，希望我踩过的坑，能够成为你极速成长的垫脚石，助你披荆斩棘，大步前进！

目 录

第1章
以小见大——每件小事都有成长的营养

1.1 这句话，让我终身受益 //002//
1.2 成长，几乎都是从这件事开始的 //006//
1.3 人生的分水岭，千万不要在这里走错了路 //010//
1.4 上大学，如果早知道这些知识就好了！ //014//
1.5 做好这件事，就能领先大多数人 //018//
1.6 刚刚工作，我就学到了三条至关重要的经验 //023//
1.7 我至少浪费了1095天，我想为你节约1095天 //026//
1.8 吃下这种苦的人，成长得都很快 //030//
1.9 不断提高成功率的秘密，终于被我找到了！ //033//
1.10 30岁前应该怎么做，我把这些经验告诉你 //036//

第2章
极速成长——从低速到高速的秘诀

2.1 五个法则，轻松实现独立思考 //040//
2.2 五个步骤，轻松提升你的逻辑思维水平 //044//
2.3 不懂底层逻辑，怎能看透事物本质？ //048//
2.4 多维思考，升级你的系统思维 //052//
2.5 没有思维力的人，注定难以成长 //056//
2.6 简单三招，让你拥有比别人多一倍的成长时间 //060//
2.7 你的学习，可能正在浪费你的宝贵时间 //064//
2.8 简单！这样学习成长速度会很快 //067//

2.9 撒手锏：用好你的人生核武器（上） //070//
2.10 撒手锏：用好你的人生核武器（下） //073//
2.11 认知贫穷，是极速成长最大的障碍 //076//
2.12 从平凡走向卓越，一定要用好这两个本子！ //079//
2.13 惊天行动力：解决你达不成目标的痛点 //082//

第3章

成长聚焦——精准成长需要重点关注的那些事

3.1 奇怪！大家都不知道你是干吗的 //088//
3.2 还在找风口？你自己才是最大的风口 //091//
3.3 聚焦吧，成为一道威力无比的激光 //094//
3.4 四个方法，把优势发挥到极致 //097//
3.5 专才和通才，你该怎么选？ //100//
3.6 当心！坚持可能让你得不偿失 //103//
3.7 如何利用你的经验成为超级富翁？ //106//
3.8 小心，你还在用经验伤害自己吗？ //109//
3.9 我不明白，运气真的比努力更重要吗？ //112//
3.10 如何利用运气，实现人生逆袭？ //115//
3.11 你努力的极限，只是别人的起点 //118//

第4章

重大抉择——掌控成长关键点

4.1 画重点：人生关键的选择点有哪些 //122//
4.2 千金难买：如何做出高质量的选择 //126//
4.3 注意安全：如何杜绝令人后悔莫及的选择 //129//
4.4 两份清单，从容面对错误选择 //132//
4.5 收藏好这些选择工具中的"战斗机" //135//
4.6 职场选择：这样做至少让你少奋斗10年（上） //138//

4.7　职场选择：这样做至少让你少奋斗 10 年（下）　　//141//
4.8　最好的选择，就是管理好人生的发展概率（上）　　//144//
4.9　最好的选择，就是管理好人生的发展概率（下）　　//147//
4.10　选择与努力，到底哪个更重要？　　//151//

第 5 章
创业小记——在创业过程中加速成长

5.1　创业不问这些问题，后悔都来不及　　//156//
5.2　什么样的企业，才有源源不断的发展动力？　　//160//
5.3　做到这四点，轻松实现低风险创业（上）　　//163//
5.4　做到这四点，轻松实现低风险创业（下）　　//167//
5.5　初创企业能赚到的钱，几乎都藏在这里　　//171//
5.6　价值千金，如何抓住机会打造一家值钱的企业　　//174//
5.7　为什么优秀的创业者，都在这么做？　　//178//
5.8　以藏茶为例，分析一个项目的机遇与挑战（上）　　//181//
5.9　以藏茶为例，分析一个项目的机遇与挑战（下）　　//184//
5.10　我是如何从"踩坑大王"到不断成长的（上）　　//187//
5.11　我是如何从"踩坑大王"到不断成长的（中）　　//191//
5.12　我是如何从"踩坑大王"到不断成长的（下）　　//194//

第 6 章
人际关系——高速成长的助推器

6.1　有社交恐惧症和性格内向的人，该如何打造人脉力？　　//198//
6.2　作为人脉小白，如何把陌生人变成熟人？　　//201//
6.3　从熟人到朋友，我们还需要做好哪些功课？　　//204//
6.4　滚雪球：高质量社交 10 倍提速法（上）　　//207//
6.5　滚雪球：高质量社交 10 倍提速法（下）　　//210//
6.6　怎样迅速提高说话情商？　　//214//

6.7	为什么我的善良总得不到善意的回报？	//217//
6.8	一针见血，必须牢记在心的七条人际交往知识	//220//
6.9	如何迅速找到自己的"贵人"？	//223//
6.10	原来这才是真正的人脉	//226//

第7章
多维成长——成长，不只一面

7.1	千万不要成为这种人，否则你很难成长！	//230//
7.2	过了这一关，你才能看到星辰大海	//233//
7.3	成长，如何才能杜绝"间歇性"努力？（上）	//236//
7.4	成长，如何才能杜绝"间歇性"努力？（下）	//239//
7.5	九条价值不菲的成长经验	//242//
7.6	原来这才是婚姻的本质，早知道就好了！	//246//
7.7	教育孩子的秘密	//250//
7.8	伟大创举：开创幸福生活的家庭制度	//253//
7.9	做自己的人生设计师	//257//

| 第 1 章 |

以小见大——
每件小事都有成长的营养

1.1 这句话，让我终身受益

关于成长这件事，我很想和你讲讲大道理，可又担心你不感兴趣，毕竟，这个世界充满了大道理。于是，我决定做给你看。

时间要回到 20 世纪 80 年代，我出生在四川的一个农村里。那时候的农村能有多富裕呢？大家想一想，就应该知道我的家底。瞒不住了，我还是老实交代了吧！

我的爷爷是农民，我的奶奶是农民，我的爸爸是农民，而我的妈妈呢？她恰好也是农民。咱们家世世代代都是农民。这完全靠祖传，没有半点诀窍可言。如果我子承父业，那我就是名正言顺的接班人了。

咱们家里最贵的家电是手电筒，别人家里最贵的叫作黑白电视机。村子里大人小孩最大的爱好，就是跑到别人家蹭电视机看。于是，一台台别人家的电视机承包了一群人的快乐。

小时候，我的工作很简单，主要是读书，然后再帮爸妈干点小农活。对于读书这件事，在我爸妈的眼里，不过是例行公事罢了，因为到了读书的年龄，邻居家的孩子都去读书了，如果我不去读，爸妈的面子是挂不住的。

其实，他们对我并没有报什么期望，只希望我长快点，以后和他们一起干农活，帮家里减轻些负担。可我能长多快呢？总得一岁一岁地来，是不？

后来，有个小奇迹发生了。我第一天上幼儿园的时候，老师教我"1+1=2"，然后我举一反三，就知道"1+2=3""2+3=5"这类知识了。老师直呼我是小天才。于是，我在幼儿园上了几天学后，就被破格提升到隔壁的一年级读书。爸妈倒没有觉得我天赋异禀，他们最大的喜悦是，家里可以节约1年的学费了。

通过一段时间学习，我在班里组织的几次考试中，都拿了高分。有一天，我站在地里看着爸爸锄草。他突然问我，最近学习怎么样。我说还可以，语文刚刚考了98分，数学考了100分。爸爸说："我才不信呢，小小年纪不要吹牛了！"

好吧，就当我没有说过好了。毕竟我是他的接班人，就算分数考得再高，以后不过是挖地锄草更厉害一点罢了。这是我们祖祖辈辈的宿命，小小的我，还能有啥想法呢？

很快到了小学四年级，又是新的一学期。我向爸爸要钱交学费，他叹了一口气，然后拉着我的手语重心长地说："你去跟老师商量一下，书先读着，学费缓1个月再交，行不？"

什么？我去商量？我才多大啊，我有那商量的口才吗？这是干啥呀，大家不是说好分工合作吗？我负责读书，爸爸负责给我交学费。这学费才几十块钱而已，我的天啊，我都快崩溃了！

问题的关键是，同学们都交学费了，就我一个人不交，我好意思上学吗？我的脸应该往哪里搁呢？糟糕，又让大家知道咱们家比别人家穷了。唉，太尴尬了！

后来我是怎么交上学费的呢？我还清楚地记得，爸妈正在家里发愁的时候，猪圈里的猪闹着要吃午饭。好了，就这样办吧！爸爸一拍大腿，那头猪成了"冤大头"。当天下午猪儿被拉出去卖的时候，又吼又叫的，情绪很失控。我们迫于无奈，只好委屈它了。

当晚，我难以入眠。我的脑袋瓜子一直在琢磨一件事情：咱们家祖祖辈辈都是农民，都这么多代人了，咋还这么穷呢？是爸妈不够勤快，还是收成不太好？都不是啊，究竟哪里出了问题呢？

这个答案，很快就浮出了水面。临近春节的时候，村子里慢慢热闹起来。小孩放假了，外出的人也回家过年了。我发现放鞭炮最多的家庭，就是那些有电视机的"别人家"，这些家庭的年轻人几乎都在外面打工。他们回来对孩子说得最多的一句话就是："你们一定要好好读书，长大了才有出息啊！"

哇，真是一语惊醒梦中人！这些见过世面的人说的话犹如平地惊雷，深深地震撼了我幼小的心灵。于是，我对读书产生了更加浓厚的兴趣，同时对继承父亲基业的信心开始有所动摇。如果他知道了，会不会有一点点失望呢？

小时候，我最珍贵的财富，自然是春节的时候大人们给的一点点压岁钱。我把钱积攒下来，平日里最爱买一本叫作《故事会》的杂志。看故事不是目的，看中缝和尾页的小广告才是我最大的兴趣所在。你知道这些广告的内容吗？

1元成本包赚20元的秘籍，投资3元赚50元的不传之秘，1天钓30斤鱼的绝技，10元探测金银矿的仪器，种植某某经济作物年赚千元的方法，养殖某某动物包回收的高利润项目……

我的天啊，我的小心脏哪受得了这些广告的刺激啊！这些秘籍绝招都是打包收费的，说得时髦一点，就是知识付费。于是，我悄悄地把买信息费的钱装进信封，按照对方的地址邮寄过去。半个月左右，我就会收到薄薄的一份资料合集，里面全是各种发财项目的深度解密。晚上，我打着手电筒在被窝里看得如痴如醉，我感觉我很快就要成为咱们村的首富了。

除了几个投资大的项目令我望而却步，其他几个投资几元钱的，我都试过了，可没有一个成功的。我的压岁钱就这样全军覆没了。我时常感叹自己太笨，这么多经典的方法都被我搞砸了，看来一夜暴富是无望的。正当我踌躇满志时，我的耳边突然又响起了那句话：一定要好好读书，长大了才有出息啊！

后来长大了我才发现，这简直是朴素的名言、一生的真理啊！我把这句话听入耳中，放在心里。它时时刻刻警醒着我，鞭策着我，让我终身受益。毕竟，当时对于一个压岁钱被人收割得干干净净的人来说，这是唯一的出路了。

一转眼，我考上了乡镇的初中，每天上学来回要步行2个多小时。虽然有点辛苦，但我看到了更大的世界，得到了更快的成长，同时，也发生了一些不可思议的事情……

【极速小语：小草和大树最大的差别不是身高不同，而是基因不同。只有播下一颗大树的种子，才有机会看见一棵参天大树。】

1.2　成长，几乎都是从这件事开始的

小时候，我便发现父亲其实也有非常"强大"的一面，并且他还把它成功地遗传给了我。究竟是什么呢？内向。

我害怕跟人说话，害怕跟人玩。小学二年级的某一天，邻居让我给班上的一个同学带话，让他第二天到邻居家里去吃饭。结果我鼓起勇气第三天才跟同学说，导致那个同学完美地错过一顿饭，气得哇哇大哭。

上初中时，同学们都三三两两地聚在一起玩。我没有玩伴，只好看看书、写写东西、做做题，所以，初一的时候，我的作文就上了《蓓蕾报》。期末考试，我竟然莫名其妙地考了全班第一，然后接二连三地拿奖状，家里那堵墙被我贴得密密麻麻。

爸妈看到这阵势，差点被我搞蒙了。既然能读书，那就好好读呗。于是，我的伙食也变得好了：早上两个鸡蛋，晚上两个鸡蛋。家里那只老母鸡几乎承包了我初中时期所需要的全部营养。

然后，我的小伙伴也多了，好像我的内向并没有影响他们和我做朋友。老师经常让我做分享——讲讲学习心得、考试经验。这不是为难我吗？我该怎么讲呢？

其实，我的诀窍就是把学过的课程多复习一遍，没有学的课程提前预习

一遍，然后多做做题而已。由于基础很牢，所以学起来更快，因为这个好习惯，我一直都保持着领先优势。

在学习上的额外付出，让我尝到了甜头。后来，学校组织了一次全年级的演讲比赛，老师派我参加，我惊得一身冷汗。开玩笑，别说演讲，平时让我在班里领读一篇课文，我都有些胆怯。可任务布置下来了，我还有啥办法呢？

我做了充分的准备——花了3天时间把演讲稿写好，然后利用空余时间在家里背诵。演讲那天，人头攒动，热闹非凡，但令人惊讶的是，平日里看似普普通通的学校，居然是藏龙卧虎之地。学校突然人才辈出，个个才华横溢。我瞬间如临大敌，压力陡增。

马上轮到我上场了。我临时做了一个大胆的决定：脱稿演讲。脱稿演讲并不是我的专利，但前面的选手都是这样干的，我是被逼上梁山的。我刚刚讲了几句就卡壳了，接着就是无休止的结结巴巴。我亲眼看见坐在前排的班主任故作镇定，可他的眼镜明明都快被吓掉了。

最终，我对自己的结巴实在忍无可忍了。我做了一个伟大的举动——急忙从口袋里面掏出提前准备好的演讲稿，慌慌张张地打开，逐字逐句念诵了起来，那声音颤抖得跟触电似的……

当我读完最后一句话时，我发现我们班的同学都惊呆了，其他校友都忘记了鼓掌。我尴尬至极，给大家成功地示范了一次学校有史以来最失败的演讲。我恨不得马上消失在空气中。真的，我太难了。

那段时间，我心里非常难受，但我最终坦然接受了这个事实。后来回想起来，这件事至少让我学到了两点：

第一，如果没有足够的把握，就不要轻易冒险。哪怕成绩差一点，也比搞砸了要强，同时，准备好应急方案，才有回旋的余地。

第二，努力不一定成功，但不努力，连成功的机会都没有。如果你做的事情是正确的，就不要害怕出错，也不要怕丢脸和出丑。每一次失败，都会为成功累积经验。

其实，当时对于12岁的我，哪里懂得这么多，不过这些隐隐约约的道理正在潜移默化地影响我。不久后，我们学校要参加镇上的一个文艺比赛，参赛项目是相声表演，而我，又被选中了！

为什么选中我呢？我也不知道，难道各位领导没有看见我上次出糗的样子吗？难道我的长相适合说相声？这次我真的快被吓晕了，让我去说相声，这本来就是一个天大的笑话啊！

那段时间除了学习，我几乎把所有的时间都花在了练习相声上：每天朗读5遍，然后背诵3遍，再把内容默写1遍，直到我把每个小节、每个段落、每个关键词都烂熟于心。不仅如此，我还刻意练习了一些夸张的表情，差点把我们家那条土狗吓出神经病来。

很快到了比赛的日子，我们坐车到达镇礼堂。这次文艺比赛的规模很大，下面坐着的观众黑压压一大片。节目一个比一个精彩，可谓高手云集、英雄齐聚。我鼓起了最大的勇气，战战兢兢、颤颤巍巍地走上舞台，还没说几句话，便一阵哆哆嗦嗦、结结巴巴，不一会儿就紧张得汗流浃背、窘态百出，把观众们逗得哈哈大笑……

我和搭档终于表演完节目，我们松了一口气。真是太悬了，差点儿又搞砸了。文艺表演结束后，进行了颁奖仪式。当颁发一等奖的时候，主持人居然念到了我们的学校和我们的名字。我们以为自己在做梦，直到主持人第三次催促的时候，我们才激动地冲上了舞台。

由于当时我太兴奋了，尴尬的一幕出现了：我穿的皮鞋是爸爸的，只不过我在脚尖塞了2双袜子，这样穿起来才不会掉，但我跑得太快了，皮鞋一下子就飞了。不过这些都不重要，当我领到奖状的那一刻，一切的尴尬都不足挂齿了。

初中三年，是我最快乐的时光，我所有的成长都得益于额外的付出。后来，当我读到凿壁借光、悬梁刺股、映月读书这些故事时，不禁偷偷乐了，我的条件可比他们好多了呀！

如果你比别人付出得少，你可能会落后于人；如果你和别人付出得一样多，你们可能旗鼓相当；如果你一直都额外付出，你一定会比别人得到更多。我想，懂得额外付出的人，一定是上天最眷顾的人。人生所有的成就，都是从额外付出开始的。

【极速小语：我们多付出的那一点儿，正好是我们比别人更优秀的那一点儿。我们很难比别人更聪明，所以，我们不妨比别人更努力。】

1.3　人生的分水岭，千万不要在这里走错了路

一轮轮考试，一张张试卷，把我送到了县高中。

刚到学校不久，因为一次考试失利，我成了班主任的重点关注对象；又因为有一次少带了一本练习册，班主任对我说："你暂时不用来上课了，回去好好反省反省！"

没办法，我只好回宿舍去认真反省。第二天，我主动找班主任认错，说自己反省好了，可他还是不让我去上课。我每天都去认错，他始终不允。10天后，我几乎要崩溃了，对他也失望透顶了。

后来，他行使特权，把我转到了另一个班。是的，我被老师冷暴力了。我心里蒙上了阴影，对老师产生了偏见，在学习上也变得心不在焉了。那段时间，我麻木而痛苦地活着，心里难受极了。

师者，所以传道授业解惑也。曾子说，吾日三省吾身。难道我遇到的这位老师要反其道而行之？如果为人师表而不懂得自省的话，那学生就要为老师的懒惰埋单了！

后来我才知道，原来我不小心碰到"暗礁"了。在我的中学时期，特别是高中阶段，有四块巨大的暗礁，稍不留神，就可能迎头撞上。为了避免事故，我应该提前做好防范工作。

第一块暗礁：老师的彩色眼镜。那个年代，有些老师的眼镜是特殊材料做的，他们看每个学生的色彩是不一样的。他们有一套独特的色彩管理办法，作为学生，最好成为他们喜欢的颜色。

但是，老师不是圣人，偶尔也有犯错的时候。他们的语言、行为可能会伤害到你，这不过是恨铁不成钢的担心而已。你应该怎么做呢？

首先，和老师做朋友，多向他们请教问题。你的成绩不一定要非常优秀，但你虚心的态度非常重要。其次，如果老师的行为侵犯到你的权益，影响到你的正常学习，你应该申诉，甚至反抗，没有任何人可以剥夺你学习的权利。你要对自己负责，不能沦为冷暴力的牺牲品。

第二块暗礁：同学的无意伤害。中学时期，我们的小团体意识非常强烈，成绩好的同学会聚在一起"华山论剑"，成绩差的同学会成为"黄金搭档"，不同的小团体有不同的文化，不同的文化会走上不同的成长之路。

一个人的认知水平，是与他来往最为密切的6个人的平均水平决定的。当一个小团体水平相当，臭味相投，成绩都不理想时，危险之神就慢慢走近了。

于是，有的人厌学，有的人贪玩，有的人说读书不是唯一的出路，有的人大谈人生理想。如果你想努力一点，就会显得与他人格格不入，甚至有遭受鄙视的风险。

此刻，你需要把自己孤立起来，默默地努力，认真地学习，然后慢慢离开这个小团体，远离他们无意的伤害，和那些比你成绩更好、更优秀的同学做朋友。这才是你唯一正确的自救方法。

第三块暗礁：家长的无能为力。一个当家长的朋友说："现在的小学作业那么难，我作为本科生看着都头大。我可能只有进修成为博士，才能在孩子面前抬起头来了。"小学作业尚且如此，那中学作业对家长们来说，更加爱莫能助了。为了孩子，家长们真是操碎了心啊。

其实，比起自己在孩子学习方面的无能为力，家长更应该关注他们的心理健康、思想意识、人格健全、抗压能力等，在他们认知和成长方面下足功夫。我们要用心为他们培育成长的土壤，而不要无意地折断他们欲飞的翅膀。

第四块暗礁：个人的鼠目寸光。在高中阶段，当我有了一定的认知基础后，我的思想意识就更加活跃了。有时候我认为，不读书又怎样，只要努力，机会到处都有。即使不上大学又怎样，某某只有小学文化，照样成为中国的首富……

我以为自己长大了，其实不过是更加天真幼稚罢了。如果我是一条鱼，当时我感觉自己都能在油锅里面游泳。

人生最大的遗憾，就是当我们眼界有限时，总认为自己是正确的；当我们遭遇挫折时，又常常后悔莫及。每个人都有一个成长的账本，我们今天欠下的，明天一定会加倍偿还。

当年，某高考生以0分交白卷的"壮举"，成为很多人的偶像。当他意气风发、壮志凌云的时候，可曾想到，后来自己会在社会上遭受那么多折磨，吃尽了苦头。当记者采访他时，他说他只想重来一次。

有一段父子间经典的对话。儿子问父亲，人为什么要读书。父亲说，一棵小树长1年，只能用来做篱笆或当柴烧；10年的树可以做檩条；20年的树用处就大了，可以做梁、做柱子、做家具。

李嘉诚说，读书不一定会增加你一生的财富，但一定会增加你一生的机会。所以，读书是我们不断进阶、不断破圈的最好方式，是通向高阶最低的门槛。难道还有比读书更好的逆袭之路吗？

在高中很长一段时间里，我态度消极，成绩直线下降。当我看着父亲挥舞着锄头，母亲在地里辛勤地劳作时，我不禁深深地自责，耳边又响起了那句话：一定要好好读书，长大了才有出息啊！

读书，改变了多少人的命运；高考，成了多少人的人生分水岭。能读书，则好好读；即使成绩不理想，也要摆正心态，好好成长。我们千万不能在这里迷茫，更不能在这里走错路；否则，我们迟早会为这一段懵懂岁月而抱憾终身。

虽然说不以考试论英雄，不以成绩定乾坤，但我似乎也没有更好的选择。时间转眼即逝，我匆匆参加了高考，还不知道接下来的命运是什么。

【极速小语：读书，是普通人改变命运的唯一机会，是我们与他人竞争最公平的赛道。在应该读书的年龄读书，是我们唯一的任务。】

1.4 上大学，如果早知道这些知识就好了！

从小学到高中，学费节节攀升，大学更是耸入了云端。爸爸看着这么贵的学费，差点眩晕过去。他突然恍然大悟道："我终于明白为什么说知识无价了，原来从学费上就可以看出来了！"当把家里的谷子、小麦卖掉凑齐学费后，他更直观地感受到了这一点。

金黄色的九月，新鲜出炉的大学生们拖着沉甸甸的行李箱，在父母满怀期待的眼神中，奔赴各个城市，投入母校的怀抱。而我，在一辆绿皮火车的护送下，来到了美丽的成都。

这是个崭新的世界——车水马龙，灯火辉煌，美食美景，美不胜收。来自全国各地的同学们，相聚在充满历史人文气息的校园里。大家以自己喜欢的方式，开启了丰富多彩的大学生活。

多年以后，有人成了社会精英，有人成了企业高管，有人创业成功，有人四处漂泊，有人后悔不已。为什么同样经历了大学四年的学习生活，命运却如此天差地别呢？

后来，我才悟到了其中一些道理。我们从填报高考志愿说起。看似普通的选择，却暗藏着巨大的玄机，很多人的命运在这里就悄悄地发生了改变。关于城市、学校和专业，我们应该如何选择，才能拿到进入大学的第一副好牌呢？

首先，我们来看看大学所在的城市。城市不同，信息量和能量不同。那时候，越大的城市，其信息量和能量越大，机会就越多；反之，越小的城市，其信息量和能量越小，机会就越少。前者信息圈层等级高，你可以通过努力获得相对公平的待遇；后者资源圈层等级高，在小城市发展，你的人脉关系和资源就很重要了。

在经济飞速发展的今天，谁能拥有更多的信息和资源，谁就拥有更强的竞争力。社会的竞争，本质是人才的竞争，人才的竞争，在很大程度上是优质信息获取的竞争。信息时代早已来临，信息滞后，必定落后。

大城市的信息密集、人才密集、资源集中，强者愈强，几乎所有的能量都向这里聚集。大城市的格局，在一定程度上也影响着我们的格局，这里能让我们站得更高，看得更远，成长得更快。如果是同样的录取分数，我们应该选择到哪个城市学习呢？

其次，我们来看看学校。当你问一个毕业多年的大学生，他现在从事的工作和当年就读的专业时，你可能会惊讶地发现，大多数人的工作和专业都是不匹配的。社会发展太快了，也许当年很热门的专业，几年后就慢慢冷却了。有一些大学生刚刚毕业，就有被社会淘汰的感觉。

更重要的是，我们在填报志愿的时候，对世界的认知是远远不够的，未来的趋势我们也无法把握，甚至我们自己都不知道自己的兴趣和爱好究竟是什么。我们应该怎么办呢？

不必担心，学校的重要性远远超过了专业。当你对专业的选择有所迷茫时，不妨把目光转移到学校上来。当然，你有特别的专长或爱好除外，比如体育、医学、艺术等。

一所好大学，不仅有丰富的教学资源，还有良好的学习环境，以及更高的社会认可度，换专业和就读第二学位的空间也比较大，获得面试的机会自然更多，但唯一的缺点，就是你的高考分数得争气一点点。

最后，我们来看看专业。其实，想选到一个符合趋势，自己又很喜欢的专业是比较难的。除了一些专业性较强的学科，很多专业学习的内容其实并不是特别"专"的。我们在大学真正要学的，应该是适应社会的底层能力，而不是"狭隘"的专业能力。

所谓底层能力，就是可迁移、最通用的能力。比如，在工作中，我们需要思考、写作、沟通、演讲，这和语文能力息息相关；我们要分析、决策、规划，这又和数学能力紧密相连。这些能力几乎是任何岗位的"硬通货"，所以，我们可以重点关注一下这些方面的专业。

而所谓"狭隘"的专业能力，是容易衰老、过时的能力。比如，随着翻译软件和人工智能的出现，外语专业的生存空间逐渐被挤压，如果确有需要，我们可以利用闲暇时间进行学习，用大学四年的黄金时间来学习一门语言，是需要考虑的。

现在我们可以看出，对于大学的选择次序上，首选大城市，次选重点大学，再选可以增强底层能力的专业，即城市＞学校＞专业。当我们走向不同城市，进入不同学校，就读不同专业的那一刻，几乎就决定了不同的人生之路。

选定大学只是第一步。接下来，我们应该不忘初心，好好学习，认真践行"六要四不要"原则。这是一代代大学生们口口相传的秘诀，是他们多年来凝聚的心血。我们赶紧来学习一下吧！

所谓"六要"，就是我们应该在大学期间完成的六件事。这六件事，是我们分内的事，也是我们有效提高竞争力的事：

（1）要熟练使用常用的办公软件，学会制作PPT，视频拍摄、剪辑及简单的处理，这对以后的工作大有帮助。

（2）该考的证书都要考下来，比如英语四六级证书、会计证书、计算机等级证书、驾驶证等。

（3）要努力争取评优评先的机会，争取拿到奖学金，这些都是个人简历上的亮点，会增加面试成功的概率。

（4）要有选择性地参加一些社团活动，锻炼自己的人际交往能力。

（5）从大一开始，就要对自己的某项爱好进行投资，并适当参加一些实践活动，尝试一些有价值的兼职工作，提前做好对未来的规划。

（6）至少要做一次志愿者或者义工，炼心胜于练技。学会做人，心怀善念，才能拥有幸福的人生。

而"四不要"，就是四件我们不应该做的事：

（1）不要挂科，不然保研、评奖评优、奖学金、加分荣誉都跟你没关系。

（2）不要贪图享乐，不要玩物丧志，不要沉迷于游戏，更不要逃课。

（3）不要攀比，不要超前消费，不要过度消费，不要触碰网贷、校园贷。

（4）不要轻易恋爱，90%以上的校园恋爱都是不能走进婚姻殿堂的。

最后，我们一定要清晰地认识到，大学只是一块敲门砖，不要误把学历当能力，只有硬实力，才是在社会中生存唯一的通行证。当我们骄纵任性、虚度年华时，最好想象一下自己多年以后悔不当初的样子。

四年时间里，每个人都以自己理解的方式过着大学生活，有人孜孜求学，有人彻夜不归，有人追逐爱情，有人把青春的配菜当主食充饥，有人腹中空虚得过且过。今天你怎么对待时间，明天时间就怎么对待你。加油吧，青春！

【极速小语：大学是人生第一个重要的分岔口，对城市、学校、专业的选择尤为重要。环境不同，圈子不同，人脉不同，人生自然不同。】

1.5 做好这件事，就能领先大多数人

最美好的大学时光，时间都去哪儿了？

阿 D 用来谈恋爱了。他天天和女朋友煲电话粥，隔三岔五地和她约会。大家都很羡慕他，可不到 1 年的时间，原本生活富裕的他，就开始过着 1 天 3 桶方便面的简约生活了。

老 C 用来玩游戏了。他一下课就钻进电脑里，天天沉浸在网络游戏中，好像和我们不是同一世界的人。他引以为傲的好视力，不到 2 年时间，就替换成啤酒瓶底厚的眼镜了。

大 H 拼命学习，不断考证，假期忙着找兼职工作，一年也没有休息过。当大家都在嘲笑他用力过猛时，他在大三就买了自己的房子，事业的发展一路顺畅，我们都傻眼了。

而我就厉害了。我利用大学的时间，又亏了一笔钱。事情是这样的。

从小就想着发家致富的我，虽然对未来的生活还充满迷茫和焦虑，但这并不能阻挡我蠢蠢欲动的灵魂。很快，又被我逮住了一个机会。

在大一寒假的时候，我无意间看到了一个权威媒体的报道——两兄弟通过种植养殖业创富的故事深深地感染了我。我决定前去考察，如果可行，我就把项目引进回来让爸妈经营管理。这样一来可以给家里增收，二来不影响

我的学业。我给爸爸一讲，他比我还要热血沸腾。于是，大家分工协作，我负责考察进货，他负责出钱干活。毕竟他是咱们家的"首富"，又是主要劳动力。

当时正值大年初三，我乘火车去福建省龙岩市永定区考察。由于没买到坐票，我差不多站了2天1夜，又换乘几次汽车才到达目的地。

公司业务员对我一往情深，我对项目一见钟情。我选定了几种经济价值较高的果树和一批山鸡种苗，并将它们托运了回来。然后，我和爸爸在屋前屋后的空地上把果树种了起来，几十只山鸡种苗被安顿在了小院旁边。那段时间，我们的脸上洋溢着对美好生活的向往。

可是，这些山鸡生活一段时间后，纷纷表示对水土不服，而那些被我们寄予厚望的果树，最终也让我们大失所望。父亲千辛万苦攒的那么点钱，就这样随风而逝了。他一声叹息道："唉，随它去吧……"

就这样，我帮父亲亏掉了一笔钱，虽然他有十万个不愿意。不过钱走了，却留下了教训。在这次创业中，我学到了三点非常重要的知识：

（1）做决定前，要多考察、多论证，不轻信、不冲动，冷静分析、细心思考。对自己投资的每一分钱都要认真负责，大多数投资都是因为头脑过热而导致失败的。

（2）世界上没有容易的事，要么充满陷阱，要么难度较高。别人能做的事，我们不一定能做，我们要做的事，一定要有制胜优势。

（3）对时间管理的认知，是我这一次最重要的收获。在《高效能人士的七个习惯》一书中，作者史蒂芬·柯维对时间管理进行了详细阐述，提出了著名的四象限法则。我们以事情的重要、不重要为纵轴，紧急、不紧急为横轴（见图1-1）。

在第一象限中的是重要且紧急的事情。这类事情无法回避，也不能拖延，需要及时处理，具有时间紧迫、作用重大等特征，比如一次重要的考试、会议、商务谈判等。

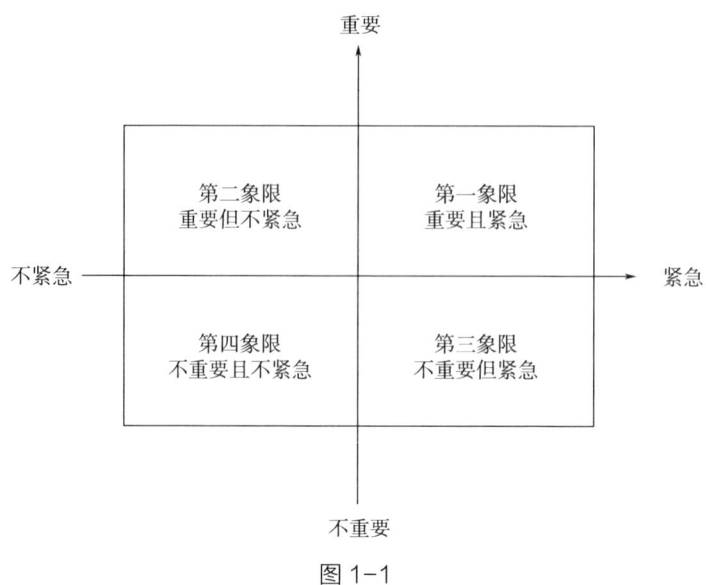

图 1-1

在第二象限中的是重要但不紧急的事情。这类事情虽然没有时间上的压力，却非常重要，它对我们的目标规划及中长期发展具有重要的意义，比如实施计划、维护人际关系、锻炼身体等。

在第三象限中的是不重要但紧急的事情。这类事情表面上很紧急，其实并不重要，所以具有一定的迷惑性和欺骗性，比如无谓的电话、朋友催促你参加的一场棋牌游戏等。

在第四象限中的是不重要且不紧急的事情。这类事情多半是日常琐碎的小事，会浪费我们大量的时间，比如无价值的聊天、无所事事的闲逛等。

接下来，我们根据四个象限的特点分别采取行动（见图 1-2）：对于第一象限重要且紧急的事情，我们需要优先做；对于第二象限重要但不紧急的事情，我们需要制订实施计划；对于第三象限不重要但紧急的事情，我们可以授权别人去做；对于第四象限不重要且不紧急的事情，我们尽量少做或不做。

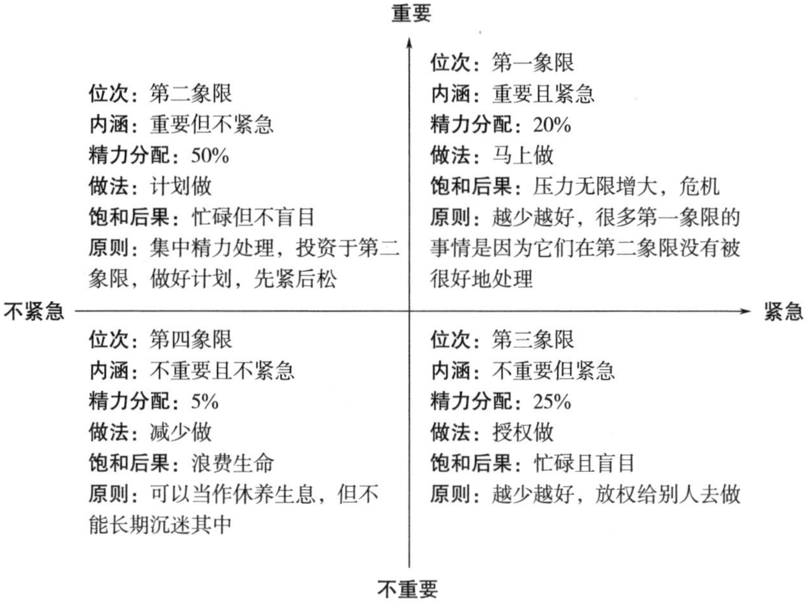

```
                              重要
                               ↑
   位次：第二象限                │   位次：第一象限
   内涵：重要但不紧急            │   内涵：重要且紧急
   精力分配：50%                 │   精力分配：20%
   做法：计划做                  │   做法：马上做
   饱和后果：忙碌但不盲目        │   饱和后果：压力无限增大，危机
   原则：集中精力处理，投资于第二│   原则：越少越好，很多第一象限的
   象限，做好计划，先紧后松      │   事情是因为它们在第二象限没有被
                                │   很好地处理
不紧急 ─────────────────────────┼───────────────────────── 紧急
   位次：第四象限                │   位次：第三象限
   内涵：不重要且不紧急          │   内涵：不重要但紧急
   精力分配：5%                  │   精力分配：25%
   做法：减少做                  │   做法：授权做
   饱和后果：浪费生命            │   饱和后果：忙碌且盲目
   原则：可以当作休养生息，但不  │   原则：越少越好，放权给别人去做
   能长期沉迷其中                │
                               ↓
                              不重要
```

图 1-2

现在，我们可以把自己要做的事情罗列出来，比如工作、学习、写作、思考、健身、沟通、娱乐等，然后根据他们的特点，将其放置在四个相应的象限内。我们每个人每天都有 1440 分钟的时间，合理地配置这些时间，是我们快速成长的秘诀。

四象限法则是非常经典的时间管理策略，如果我们把时间当作金钱，那么它有三个流向：投资、消费和浪费。我们需要重点投资第二象限，合理消费第一、第三象限，坚决杜绝第四象限的浪费。不同消费时间的方法，会使我们得到完全不同的人生。

现在我们明白了，阿 D 做了重要但不紧急的事，耽误了自己的学习；老 C 白白浪费了大把时间，导致后来考试挂科；而我，看似做了正确的事，却不合理地消费了时间，并导致了亏损；唯有大 H 投资了时间，最终获得了丰厚的回报。

很多时候，我们常常以为自己是正确的，那是因为我们还没有看到时间给出的答案。我们一生中的大多数不如意和烦恼，都是把时间放错位置而引起的。不辜负时间的厚爱，在正确的时间里，做正确的事，我们就能领先大多数人。

【极速小语：我们不能在学习走路的时候幻想着奔跑，也不能在该奔跑的时候还没学会走路。人生不能急于求成，成长必须步步踩实，做好现在该做的，未来才能做想做的。】

1.6 刚刚工作，我就学到了三条至关重要的经验

很快到了实习期，我找了一份计算机信息整理工作。听起来是不是感觉特高大上？其实就是对公司相关的产品信息进行收集、整理、分析，并为决策提供依据的工作。这下明白了吧？

刚开始我也不怎么明白，当我天天面对电脑，表情从激动到平稳，再过渡到低落，直至面无表情的时候，我对这份工作才算彻底看明白。天啊，太枯燥无味了，我简直受不了了。工作满2个月的时候，我主动辞职了。主管看着我麻木的表情，应该也明白我为什么走了。

如果一份工作没有丰富的营养，不能让你产生浓厚的兴趣，也不能让你拥有源源不断的动力，你大概很难从中获得成长了。听从自己内心的声音，去做有价值、有意义，又令你激情澎湃的工作吧，不要浪费时间，因为只有这样的工作，才能安放你内心深处的灵魂。

很多人的工作，都是为了配合、应付，就像演员一样，按照固定的角色和脚本去演绎剧本。可如果在一部戏里，我们找不到激情和梦想，又如何去演绎自己的精彩人生呢？

一个月后，我来到一家食品公司工作。这家公司主要做休闲食品，其产品主要供应给各大超市。我主要给老板当助手，负责一些基础性的策划工作。

这能提高我的市场嗅觉，锻炼我的策划能力，我很喜欢这份工作，但后来我发现了两件事。

第一件事，有一批临近保质期的原料，口感已经有些变味了，完全可以做销毁处理了，但老板为了避免浪费，要求生产车间尽快将其加工成成品。老板在追求利润的道路上，已经忘了品牌的初衷。

第二件事，几乎每2~3天都有经销商到厂里来洽谈生意，老板在接待宴上给他们讲得最多的是利润空间，而不是品质和品牌。每次接待宴结束后，和经销商一起打牌是必备项目。这还远远不够，为了进一步提升牌艺水平，老板常常在上班时间和几个副总在一起深度切磋。我一直在想，老板不开个娱乐公司真是浪费人才啊！

老板的性格决定公司的性格，老板的格局决定公司的格局。你在公司的命运怎么样，看看你的老板就知道了。老板的格局、品质、能力，会渗透到公司的方方面面，直到这家公司的品性和他相似为止。我想，这家公司肯定没戏了。3个月后，我便辞职了。不到5年时间，这家公司便慢慢衰亡了。

后来，我又收到了2家公司的工作邀请。经过比较，我选择了工资较低的日化公司。为什么呢？因为在这个阶段，我在乎的不是工资的高低，而是能力的增长和经验的累积，这个关键认知对我的成长非常重要。事实证明，我的选择是非常正确的。

在日化公司，我应聘的是销售工作。虽然我内向的性格早已得到了突破，但是比起其他销售精英，还有很大的提升空间，我觉得应该刻意训练一下了。

为了扩大品牌影响力，深耕各大社区，公司策划了一个"品牌进社区"活动。我们销售部工作人员的任务，就是每天抱着一箱洗发水进小区销售。销售模式是陌生拜访，销售诀窍是脸皮要厚、口才要溜。对我来说，难度指数达到了五颗星。

我第一天销售了3瓶，第二天销售了5瓶。天啊，我这完全是垫底的节奏啊！我有点急了，赶紧分析了一下，发现这项任务有三个难点：

（1）很多小区不让外来人员进入。

（2）敲门次数越多，信心衰减越快。

（3）上门逐一推销，销量有限。

怎么办呢？我得改变一下思维了。第二天，我去农贸市场买了一些蔬菜，然后扛着一大箱洗发水就出门了。当我走到目标小区门口时，小区保安看我提着一口袋蔬菜，还扛着一箱东西，二话不说，就帮我把门打开了，还满面笑容地帮我把洗发水搬到单元楼下。说实在的，这真令人感动。

这一次，我改变了策略——不是从一楼敲门到顶楼，而是从顶楼敲门到一楼。这样即使信心遭受打击，我还能鼓起勇气继续完成任务。直到有一家业主很排斥这种上门推销的方式，他立马打电话给物业投诉。当我看到那个保安疯狂追赶我的样子，我才知道，原来他不是真的对我好。

后来，我再次改变了策略。我直接找到了带头跳广场舞的大妈，把我的提成利润分了出去。把大妈"搞定"后，我再也不愁销量了。然后我就不断扩大规模，不断复制这种销售模式，而销售部很多同事每天还是只能销售几瓶洗发水，甚至还有人与"0"深情相拥。

于是，我很快当上了主管，并准备晋升经理。在这几段实习的经历里，我学到了三条重要的经验：

（1）选择热爱的工作，才能让我们的生产力最大化。

（2）看一份工作的天花板，看看自己的老板就知道了。跟随靠谱的老板，才有理想的发展空间。

（3）在职业发展初期，高成长性比高工资更重要。抓紧一切时间，锻炼技能，累积经验，才能为自己的高速成长积蓄能量。

后来，由于内部管理问题，火速发展的日化公司熄了火。我又陆续做了其他一些行业，直到有一天我认识了一位大哥，这位大哥改变了我3年的运程。

【极速小语：不要为了工作而工作，而要从工作中获得营养。不能帮助我们成长的工作，就是在浪费我们的时间。】

1.7 我至少浪费了 1095 天，我想为你节约 1095 天

大哥是个"知识分子"，戴一副眼镜，文质彬彬，是做医药业务的。他比我年长 10 岁有余，住洋房，开豪车，成功人士的基础配置都到位了，实力碾压一切仰望者。我们因为一次业务机会而相识，一来二去，大家成了好朋友。

与高人为伍，与智者同行，我对大哥的敬仰之心，如滔滔江水，连绵不绝。我经常虚心向他请教生意经，他每次都口若悬河、滔滔不绝地为我解答。后来，可能是我的孜孜好学感动了他，他决定带我入行。

一旦有了"贵人"指路，很快你便能看到一道耀眼的光芒照亮你的前程。我兴奋不已，感觉又抢到了致富列车的车票。不过，我们做的是医院板块的医药业务，如果我想参与，至少需要 8 万元的启动资金，主要用于在大哥公司进货和日常业务开销。这可咋办呢？

除了找我的"铁杆"父亲，我还有啥办法呢？那时候，父亲转变思维，摇身一变，早已从农民晋级为农民工了。他靠着勤劳的双手已在江湖闯荡多年。当我打电话把大哥的成功故事压缩成 1 分钟的浓缩版告诉他时，他倒先激动地问起我来："你觉得这事可行吗？如果你想干，我支持你，需要多少钱？"

我惊喜万分，激动不已，父亲的支持让我越发感觉责任的重大。他东拼西凑，把自己积攒的一点钱也全部给了我。我收到钱的那一刻，心中百感交集。我默默地告诉自己，只能成功，不能失败。

接下来，在大哥的指导下，我熟悉了医院业务的开发流程。我的主要工作就是找到医院相关业务负责人，把大哥公司的产品推荐给他们，如果达成合作，基本就算大功告成了，接下来就是签订合同、发货、维护、结算等工作了。

是不是感觉特简单？其实对我来说，比登天还难。为什么呢？因为这里运行着另一套法则，不是你有能力、肯努力就可以了，如果没有一些背景资源，是很难搞定业务的。对于我这种一穷二白的人来说，哪有什么背景，最多只有忙碌奔波的背影而已。那一年，我费了九牛二虎之力，也只开发了两家小医院的业务。

我感觉自己上错了船，但大哥一直给我打气，说自己也是这样一步步做起来的。说得太对了，没有坚持，哪来的成功呢？在他励志故事的感染下，我很快又雄心壮志、生机勃勃了。

那时候，我只有实力开发一些偏远地区的医院业务，因为门槛稍微低一些。我几乎每周都要出差，各种费用居高不下，还经常出现入不敷出的情况。我有几次想放弃，可眼前的局面已经让我骑虎难下了：

（1）投入的沉没成本太高，放弃就意味着前功尽弃和亏损。

（2）现存业务是我唯一收入的来源，虽然有如鸡肋，但弃之实在可惜。

（3）业务的拖款情况十分严重，如果不加以维护，大概率会出现坏账。

更重要的是，父亲当初在外面帮我借了一部分钱，如果不能如期偿还，就会面临信任危机。那两年时间，我经常出差——白天是身体的疲劳，夜晚是内心的煎熬，却没有出多少业绩，我只能用忙碌的脚步来安慰内心的无助。

当然，大哥也没有忘记给我打气。他安慰我黎明马上就要到来了，让我千万不要放弃，还说会给我介绍一些资源。我仿佛又看到了一丝希望。

可是大哥画的饼还没有落地，我又遭遇了药品降价风波，加上结款困难，就这样，压倒我的最后一根稻草终于掉下来了。我眼前一黑，我的业务就这样破产了。很快，我的悲惨日子就到来了！

首先，各种催债电话接踵而来，我几乎被逼得手机都不敢开机了；然后，房租到期了，我好不容易才说服房东给我宽限了一个月时间；紧接着，生活费也没有了，我为了退一张卡得到30元钱，又为了节约2元钱的公交费，竟然走了接近3小时的路程。当我望着无尽的黑夜，问自己出路在哪里的时候，爸爸突然给我打来电话，说路过成都顺便来看看我。我的天啊！

我假装一切都好，急急忙忙把一堆书当废品卖了点钱。当晚，我佯装大款请父亲吃了晚饭，为了避免让他看出破绽，我只好说明天要出差。第二天，当我在车站与他送别时，望着他渐行渐远的背影，我心如刀割，眼眶通红。我强忍泪水，任无尽的悔恨将我撕裂……

我从事医药业务差不多有3年的时间，在这至少1095天中，我陷入了深深的泥潭。我越想挣扎，陷得越深，直到我再也没有力气反抗。后来，我进行了认真的思考和复盘，希望我这1095天的教训，能帮你获得1095天的成长。

第一，遵循长板理论，不要拿自己的短板与别人的长板竞争。当自己的工作无法发挥个人优势的时候，一定要提高警惕，认真审视，我们不能在短板区域浪费了自己宝贵的时间。

第二，当工作陷入瓶颈时，一定要站在全局的高度认真分析。如果没有必要的价值，就要当机立断，及时止损，没有壮士断腕的魄力，最终会让自己陷入越来越糟的境地。

第三，面对陌生的行业，前期的调研工作非常重要。确定项目后，可以小资金试水，决不能一次性投入太多。小成本试错是任何投资必须坚守的原则，否则很容易陷入被动的局面。同时，不要对他人寄予过高的期望，命运永远只能掌握在自己手里。

连续下了一周的雨，我望着窗外，雨雾朦胧，模糊不清。我心情沉重，陷入迷茫。接下来，我应该怎么办呢？

【极速小语：千万不要借钱创业，虽然有可能取得成功，但失败的概率往往更大。我们要稳步成长，不要用弱不禁风去博一个高风险的未来，不要当一个赌徒。】

1.8 吃下这种苦的人，成长得都很快

在一位朋友的主动帮助下，我的生存问题才得以临时解决。谁是真正的朋友，只有在你最落魄的时候才能发现，此言果然不虚。

接下来我应该怎么办呢？我有两个选择：选择一，找一份工作暂时渡过难关；选择二，摆地摊。经过再三思考，我选择了后者。开玩笑吧，为什么要去摆地摊呢？因为有债务需要不定期地偿还，我需要快速地挣钱。

我有一定的策划和销售能力，在地摊行业具有明显的竞争优势。摆地摊门槛低、资金周转快，只要方法得当，收益比上班可观。

最重要的是，我想锻炼一下吃苦的能力，磨炼一下自己的意志力。这种苦值得吃，而且即使现在不吃，以后也得吃。

我想办法凑了一些启动资金，然后买了一辆摩托车，这基本上算是我最贵的创业装备了。我在网上查询了一下地摊爆品，然后到成都批发市场进行了深度调研，最终确定了几个本地的批发商和产品。

有了上次创业失败的教训，我加强了风控意识。当我和批发商谈好最终价格后，我会适当加一点价给对方。比如，如果价格是10元，我会给对方11元，不过我有一个附加条件，即产品如果滞销，我可以无条件地退换货，这样我就提高了自己的反脆弱能力。

江湖上传闻已久的"地摊行业",历经千年而不衰,其流程是怎样的呢?我是这样操作的:提前一天在商场、集市、农贸市场等地方找好档口;然后向管理人员缴纳档口费用;确定好档口后,再到批发市场去进货,为第二天的销售做好准备。

早上6点不到,我就骑摩托车拉着货风风火火地向档口出发了。由于我进的货都是轻便的产品,一辆摩托车就可以搞定了。当我把产品摆好,差不多就快到8点了,我匆匆忙忙啃个面包,就陆陆续续上客了。

摆地摊有三大法宝:吸引力,产品演示,占便宜的感觉。一般情况下,我会仔细研究产品的特点,再编3~5句顺口溜,然后准备一个小喇叭吆喝起来。来往的行人很快就被吸引了。紧接着,我就演示产品的特点,并报出令人难以抵抗的价格,基本上就能成交了。

不过,这是理想状态。摆地摊既有无人问津、浪费表情的时候,也有像"双十一"抢货的火爆时刻,这多少有些运气的成分。当然,实力也是非常重要的。比如,禁用喇叭的时候,你得有一副金嗓子;大家都有金嗓子的时候,你得有一副好口才;大家都有好口才的时候,你得来个清仓大甩卖。

对于一个刚刚入行,只能仰望地摊前辈的"小白"来说,我战战兢兢、诚惶诚恐,生怕开不了张。可万万没想到的是,因为我的选品好、营销能力强,我的生意往往是最好的。那时候,我单枪匹马一个人常常忙不过来,有几次竟然累得晕倒,把顾客都吓傻了。

然而,地摊事业并不是一帆风顺的。有时候会遭遇同行的恶性竞争,有时候会收到假钱,有时候会丢失货物,有时候会无功而返。更糟的一次,把我肺都快气炸了!

冬天,我经人介绍进了一批防寒服,进价59元,售价88元。嘿,这么实惠,一下子就卖爆了。可刚卖出去两天,就有人陆陆续续跑来要求退货。我正纳闷时,他们撕开缝线处——里面全是花花绿绿的棉花。糟了,这次我大意了。衣服里的棉花多半有问题!

我只好一一退钱。看着家里还剩下的防寒服,我忙给进货的人打电话。

对方说稍后给我处理，后来就联系不上人了。我郁闷至极，把剩下的防寒服全部剪烂扔了。真是雪上加霜，我心痛极了。

我用仅剩的一点钱进了新的货品。在半路上，摩托车一不小心打滑把我摔得人仰马翻，货物散落了一地。我刚刚翻身起来，就接到了一个催债的电话。我只好摸着还在渗血的伤口说："好的，好的，谢谢你的理解，过几天我就能还你钱了！"

我还清晰地记得当初说话的语气是多么的坚定，我一边在为自己的错误埋单，一边也让自己变得更加坚强。那段时间，我常常彻夜难眠，心里饱受煎熬。当我快挺不住的时候，我总是对自己说：一切都会过去的！

人在最孤单无助的时候，只有意志力才是唯一的救命稻草。放弃自己，随时都可以，唯有挺住，才有真正的出路。在最艰难的时候，除了自己，谁还能拯救我呢？

就这样，我差不多用一年的时间，靠摆地摊还清了所有的债务。算上利息，我没有欠任何人一分钱，这是我的本分。然而，多年以后，当我有一点点钱时，我借出的钱，70%以上都没有收回来。金钱是人品的试金石，可能大家对钱的看法不一样吧！

在摆地摊的岁月里，我曾经偶遇了我的同学，我的朋友。他们百思不得其解，甚至感到惊愕：那是我吗？那是真的吗？哈哈，宁吃少来苦，不受老来贫。他们怎么能知道，这一次，我是专门来吃苦的。

【极速小语：身体的苦，磨炼我们的意志；心里的苦，强大我们的心力。人生，最怕的是不敢吃苦。吃得苦中苦，方为人上人。】

1.9 不断提高成功率的秘密,终于被我找到了!

摆地摊虽好,可不是长久之计啊,毕竟风里来雨里去的,而且把自己搞得像个"江湖人士"一样,也不是我喜欢的风格。后来,我认真分析,决定涉足大健康产业。说得这么大气,其实,我就是在一个健康管理公司找了份工作。

在2年左右的时间里,我认真学习,虚心请教,不仅学到了许多专业知识,还提升了自己的策划和营销能力。更重要的是,我的演讲能力得到了进一步强化,这为我下一步发展奠定了坚实的基础。

在这一段经历中,我并没有挣到多少钱。确切地说,我并不是为了挣钱,而是为了学到更多的东西,累积更多的资源。后来,由于发展瓶颈问题,我辞职了。我又要准备创业了。

这一次,我做了充分的准备。我信心满满地组建了团队,确定了目标,制订了计划,然后热火朝天地干了起来。可是,愿望很美好,现实很残酷。由于经验不足,我又一次失败了。

就这样,我辛辛苦苦积攒的一点钱又打水漂了。看看用6位数密码保护着的3位数存款,我头都肿了。无奈之下,我只好解散了团队。我呆呆地看着空空如也的办公室,心中不禁感到一丝悲凉。我再次陷入迷茫。

此刻，我再也不敢有丝毫的冒进思想了。原来创业并不是我们肉眼看到的那么简单。一个令人兴奋的想法想要成功落地，至少要经历九九八十一难。没有经历过苦难，如何能够取得真经呢？

接下来，我又做了两个和健康行业相关的项目。虽然过程有点激动人心，但心情最终归于平静——我还是失败了。我一下子瘫坐在椅子上，脑袋嗡嗡作响。创业为什么这么艰难？

后来，我花了一周的时间，反复解读和分析自己，包括我的性格、优势、劣势、能力、资源等。那时候，我常常问自己一句话：现在的我，做什么最容易取得成功呢？

我暂时放下了创业的想法，大概用了2年左右的时间，四处奔波，四处学习，四处请教。我不断尝试，不断试错，不断折腾。我始终坚信，总有一扇门是为我打开的。

夜深了，我躺在出租房的床上，辗转反侧，难以入眠。现在，我只有和仅剩的4000元钱相依为命了。可一想到它不久后就会日渐消瘦的样子，我就更加焦虑了。

第二天，我便背起行囊又出发了。我联系了一些在健康行业发展的朋友，决定再走出去看看有没有适合自己的商机。没想到，这一次我居然发现了一个机会，而这个机会，成了我的一个重要的转折点。

在这次考察中，我发现了一个小细节：很多健康行业的公司在做活动的时候，都会给客户赠送一些精致的小礼品。这些小礼品深受客户的喜爱，这引起了我的注意。

于是，我找一些经销商朋友了解了一些情况，并获得了以下信息：

（1）这些礼品是他们在网上采购的，有一部分是专业礼品公司提供的。

（2）礼品以精巧、独特、实用为主，采购成本从几元到几十元不等。

（3）他们对小礼品的需求频次较高，需求量比较旺盛。

这个生意我能做吗？我可只剩2000多元钱了啊！想到自己马上就要成穷光蛋了，我何不大胆尝试一下。于是，我马上找了几个礼品厂家，并分析了一下我的人脉关系，并制订了以下方案：

选择目前经销商用得最多的礼品，并和厂家谈好最低供货价；找到几个关系很好的经销商朋友，给他们展示我的礼品样品，并以极低的价格给他们供货，但前提条件是先付款后发货；为确保万无一失，我收到货款后，亲自到厂家进货。

就这样，我以低价竞争策略测试市场并取得了成功。我马上通过人脉关系扩大销售网络，优质低价成了我的制胜法宝。我原计划一天能挣上几千元就非常满足了，直到雪花般的订单向我飞来时，把我自己都惊呆了。不过，这仅仅是我礼品生意的第一阶段，一切才刚刚开始……

是不是感觉这次取得胜利特别的容易？其实，每一次成功都是无数努力的必然，看似行云流水般的顺利，背后都有很多隐性条件的支撑。没有一次次失败的累积，哪有成功的顺理成章？

忙碌了一天，发完最后一单货后，总算可以休息了。我望着窗外，夜幕早已降临，回顾过往的奋斗历程，我不禁感慨万千，长长地松了一口气。这下应该熬出头了吧？

我急忙给家里打了个电话，心里有万般抑制不住的喜悦。我有太多太多想说的话了，可当妈妈接起电话时，我竟一时不知道说什么好。我支支吾吾说了几句，便匆匆挂了电话。

在毕业后的 8 年时间里，我经历的大大小小的失败不下 20 余次。我一次次满怀希望，一次次跌落谷底。当我微笑着从谷底爬出来的时候，我都不知道哪里还有光亮。后来我才发现，希望源于永不止步，永不放弃，那些心里始终有光的人，随时都可以把自己点亮。这个伟大的秘密，终于被我找到了！

【极速小语：一路上，我不断尝试，不断精进。表面上，我在一次次遭遇失败；实际上，我正一步步走向成功。那些打不倒我的，终将让我强大。】

1.10　30 岁前应该怎么做，我把这些经验告诉你

如果可以重来一次就好了！

是啊，如果每个人都可以重来一次，相信一定会比以前做得更好。周末的时候，我对毕业后的工作经历进行了复盘，整理了一下这 8 年时间的得与失，希望我的这些经验和教训，对你有所帮助。

第一，养成终身学习的好习惯。

学习分两方面：一方面是书本上的学习，另一方面是实践中的学习。我最大的错误，就是在毕业之后，很少花时间学习书本上的知识。当我不断踩坑的时候，我才发现，原来很多坑早已在书上标注得清清楚楚。我怎么不多看看书呢！

白岩松曾说："读书，是因为前方有一个更好的自己在等着你，世界上没有什么比读书成本更低、收效更大的投资了。今天不管你有多少困惑，在书中全有过，你所经历的一切，换成时代的背景，在各种书里头都有答案。"

所以，多读书，养成终身学习的好习惯，是我们持续成长最好的方式。

第二，做一个积极的实践者。

很多人看了几本书，就喜欢照本宣科、照抄照搬，最后沦为知识的奴隶。获取知识不是目的，利用知识指导我们在实践中受益才有意义。做一个积极的践行者，而不是一个理论家，让认知与实践相互促进、相互融合，我

们才能比别人成长得更快。

第三，保持强烈的好奇心。

刚毕业的时候，我并没有马上对自己进行精准的定位，也没有考虑过一定要在哪个行业发展。我对大千世界常常充满好奇心，对新事物总是抱着开放的态度。世界不会抛弃我们，除非我们抛弃自己。

8年时间，我从日化、食品、医药，到地摊、健康、礼品，再到今天的区块链、元宇宙，前前后后一共从事了10多个行业。我不是走马观花，也不是移情别恋，而是在不断探索，不断尝试，不断实践，只为发现更好的机会。

第四，为人生制订一个ABZ计划。

领英创始人里德·霍夫曼在《至关重要的关系》一书中，提出了一个著名的职业规划理论：ABZ计划。该计划是根据我们的发展形势而设计的动态组合，主要用于解决人生或职业过于静态的问题。

A计划，指我们当前从事的工作；B计划，指A计划的替代方案，如果形势发生变化，需要改变目标或途径，我们就采用B计划；Z计划，指在特殊情况下的保障计划，也是我们的退路。

计划永远没有变化快，如果只有静态的单一计划，当形势发生改变时，我们就会处于非常被动的局面。所以，我在做礼品生意的时候，还锻炼了演讲销售能力，同时，我也做了一些固定投资，这就是我的ABZ计划。现在想来，如果我在做医药业务的时候有一个B计划，是不是就不会那么狼狈了呢？

里德·霍夫曼认为，我们的人生经常不是一开始就知道自己要干什么，也未必清楚自己的优势以及市场到底需要什么。尽早给自己制订一个ABZ计划，在稳定工作之余，增加一些抗风险计划，这样的人生才会更安稳吧！

第五，每个人都有自己的时区。

在毕业后的8年里，大多数同学都买了房、买了车、结了婚，而我还孤独地住在出租屋里。由于资源、背景、机遇和选择的不同，每个人都有自己的发展轨迹。他们在不同领域迅速累积了势能，收获着复利的增长。

而我呢？虽然经历了不少挫折，但也积累了经验，获得了成长，特别是在策划、运营、销售、演讲、抗压等方面的能力,得到了大幅提升。我就像一只蜘蛛,正为自己编织着一张大网,随着时间的锤炼,我的综合能力逐渐为我赢得了竞争力。

世界上没有相同的路,每个人都有自己的时区,不必羡慕别人,不必抱怨自己。只要在自己的时区里笃定前行,一定能遇到更好的自己。因此,如果非要和人比较,那个人,一定是昨天的自己。

第六,如果可以重来一次,30岁以前,我会这么做。

(1)毕业后,如果没有非常棒的项目,我会暂时放弃太多的想法,去找一个大赛道、高成长的公司工作。我绝不会计较工资的多少,我会抓紧一切时间去学习,去锻炼,让自己成为一个有价值的人。

(2)如果有可能,我会在工作3年或者合适的时机,再到同行业的小公司去发展。大公司提供平台,小公司锻炼综合能力,大小互补,才能使我得到更全面的发展。

(3)精准定位,优势竞争。在工作的前3年,我不会急于给自己定位,多接触,多见识,多给自己一些发展的机会。3年后,再认真审视自己,做好定位,打造自己如刀锋般的竞争力。

(4)当我拥有3~5年的经验时,在控制风险的前提下,我会大胆尝试自己所有疯狂的想法。反正一无所有,何必畏畏缩缩?勇敢去闯,万一成功了呢?

(5)认真做好每件小事,就是极速成长的开始。每件小事,都在为我们做大事做准备,以小见大。小事都不能做好,怎么做大事呢?

30岁之前,是人生积蓄能量最黄金的年龄阶段,也是我们极速成长的冲刺阶段。我们正准备为自己建造一座摩天大楼,而我们今天打下的地基,将决定它明天的高度。希望我们都能够站在顶楼,一起看最美的风景!

【极速小语:除了大量刻意的练习,我们还需要一位人生教练来指导我们获得更多的技能和技巧,从而积累更多的实战经验。人生最大的悲哀,莫过于苦苦摸索现成的经验,而白白浪费大量成长的时间。】

| 第 2 章 |

极速成长——
从低速到高速的秘诀

2.1　五个法则，轻松实现独立思考

法国著名哲学家笛卡儿曾说:"我思故我在。"我们存在的意义，就是我们拥有善于思考的能力。如果想成为一名出色的思考者，就需要学会独立思考，而不是让别人替我们"干活"。

生活中，那些思维懒惰、没有主见，总想走思维捷径的人，注定是没有灵魂的躯壳，只有思考，才能让我们的思想迸出火花，生命充满活力。那么，关于独立思考，有什么可遵循的法则吗？

第一，打破自己的思维局限，兼容不同的观点。

在生活中，我们总认为自己是正确的，然后我们会去找一群和我们思想相似、价值观相同的人，以便证明自己是正确的。大家相互认同、相互尊重，从而进一步强化了彼此的共同点。

在这样的环境中，我们和其他人其实是一个人。大家更像是彼此的影子——有着同样的信仰、同样的诉求，甚至同样的偏见，所以，每个人在团队中都会感到非常的轻松和舒适。

然而，不幸的是，我们在不知不觉中封闭了自己，阻断了接触不同世界的途径。我们总是在心里嘲笑那些和我们观点不一的人，认为他们真是错得离谱。其实，在别人眼里，我们同样错得不可理喻。

如果我们不能打破自己的思维局限，兼容不同的观点，我们将永远和狭隘的自己生活在一起。所以，我们的目标应该是和不同年龄、不同阶层、不同文化背景的人交朋友，以不同的视角来看待这个世界。只有这样，我们才能真正做到独立思考。

第二，做自己，不要担心与众不同。

因为独立思考，我们自然会与其他思想发生碰撞。在交锋的过程中，大家会产生分歧，甚至发生激烈的争辩。此刻，我们可能会感觉自己或对方在思想上受到了威胁，这很正常，我们只需要尊重对方的观点就可以了。当我们与他人分享不同观点时，有两点非常重要：

一是一定要做好充分的准备，对自己的观点有一定的把握性。思想的呈现在于鞭辟入里的表达，而不是才薄智浅的表现，即使遭遇尴尬，也要保持风度，或者自嘲一番，保持谦卑的态度很重要。

二是对他人保持尊重和敬意，尽量做到客观中立。因为每个人的成长环境不同，思维模式也不尽相同，所以我们不要贸然评判，更不要以己度人。我们要用思考去代替批判，用心去发现对方行为背后的动机，可能会得到不一样的答案。

第三，了解对方的意图，不要轻易"上当"。

每一次的说服，背后都有其深刻的动机，当我们了解了对方的意图，就知道如何做出合适的应对了。如果我们在思考时只停留在对方的言辞上，而没有剖析对方说服我们的深层次原因，那么我们大概率会"上当"或做出一些错误的决定。

比如，销售员费了九牛二虎之力告诉你，比起那件商品，这件更适合你，实际上可能是他想拿到更高的提成；业务员不断催促你赶快下单，说错过今天就没有优惠活动了，实际上他可能只是担心错过今天这单生意。

当你没有搞清对方的意图前，唯一应该做的，就是多给自己一点思考的时间，看看自己的实际需要和决定是否一致，而不是掉入别人设下的"陷阱"。当你明白了这世间几乎所有的语言和行动，都有一定的目的性，你就应该明白独立思考的重要性了。

第四，建立自己的思维框架。

我们生活在多维空间中，所有事物都将呈现不同的视角，当我们降低了思考的维度，就会增加思维的缺陷，从而导致认知的偏差。所以，我们应该建立自己的思维框架，学会从点线面到立体的思考，避免从单一、片面的视角来看待问题。只有将事件置身于横向、纵向、时空进行分析，我们才能得到更好的答案。

在思考的方向上，我们可以建立上推式思考和下推式思考。前者是我们在面对一件事时，不要急于下定论，而要反推为什么。比如，这件事的前因后果是什么，该链条上的信息是否准确，以前发生过类似的事情没有，我们能采取的最好策略是什么等。

而后者的核心在于假设。假设做了这件事，接下来会发生什么，会出现哪些问题。比如，假设这个产品选择了 A 渠道而不是 B 渠道，会出现哪些情况。在不断地假设中，我们便会慢慢发现答案，我们的思维也会慢慢变得更立体、更全面，从而避免决策的盲区。

第五，不做情绪化的奴隶，只做事实的捍卫者。

当我们产生负面情绪时，主观意识将占据上风，等待我们的，往往是冲动的魔鬼。在过滤信息和独立思考时，我们一定要剥离自己的情绪而避免决策失误。一般情况下，事实都会被包裹在情绪之中，而真相往往是不具备任何感情色彩的。我们只有冷静对待每一次思考，才能认清事物的真相。

我们可以用一些简单的方法来消除负面情绪的干扰。比如，听舒缓的音乐、玩填字游戏、冥想、跑步等，只有在情绪不被打扰时保持独立思考，我们才能更好地捍卫事实。

学会独立思考，需要我们随时保持思维的饥渴感，刻意训练思维的输入与输出能力。比如，多看一些提高思维的书籍或者影片；通过写作，锻炼自己的思考和逻辑能力。当我们具备系统化思维的时候，我们就是全局思维的指挥官，而不是信息的搬运工和受害者了。

【极速小语：工欲善其事，必先利其器，思想就是我们最锋利的武器。学会独立思考，是对思考最基本的尊重，也是我们来到这个世界的证明。】

2.2 五个步骤，轻松提升你的逻辑思维水平

深度思考前的盲目勤奋，注定是吃力不讨好的。

学会深度思考，直击事物本质，才能让我们做出正确而高效的决策。训练逻辑思维能力，是我们快速成长的必修课。我们需要怎么做呢？

第一步，坚定找到问题根源的决心。

面对问题，态度永远是第一位的。如果我们一遇到问题就报怨、怕麻烦，或者总认为"没有办法"，在第一关就被难住了，那么还怎么解决问题呢？

我们应该养成探索"问题究竟出在哪里"的好习惯，并把它深深地植入脑海中，一旦出现情况，就立马把这个问题调出来。假以时日，我们便会养成追根溯源的好习惯。只要坚定决心，直面问题，我们就会离真相越来越近。

第二步，学习有效的信息收集法。

大多数决策的错误，都是因为信息错误或者信息不全导致的，而前者往往是致命的。我们即使带着指南针也有走错路的时候，更何况被蒙上了眼睛呢？

如果与事件相关的信息是由 A、B、C 组成的，但是我们只获得了 A 与 B 的信息，那么遗漏的 C 就会成为我们决策的偏差，我们在执行决策时，就

会出现减效或失效的情况。

如果我们掌握了A、B、C的基本信息，但由于没有展开深入调查，对于A，我们只了解40%；对于B，我们只了解60%；对于C，我们只了解30%。那么，基于对A、B、C的了解程度，我们的决策结果会不会很糟糕呢？

所以，对于信息的了解，我们不仅要有广度，还要有深度。我们以信息的广度为横轴，信息的深度为纵轴形成一个坐标轴（见图2-1）。不难看出，我们掌握的信息与实际需要的信息是有很大差距的，只有尽量掌握所需的全部信息，我们才能进行有效决策，这是至关重要的一步。

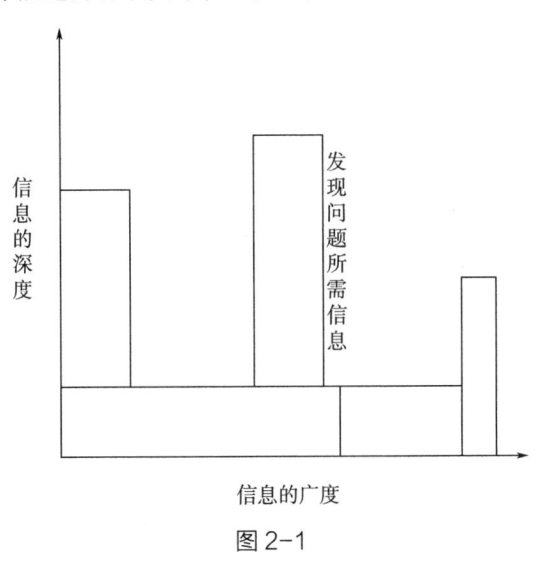

图 2-1

同时，对于信息的收集，我们可以利用网上搜索、数据库访问、采访、问卷调查等方式进行。收集好信息后，我们可以对数据进行分类整理、归纳总结，并制作相应的图表，让信息更立体、直观地展现出来，从而便于分析和理解。

第三步，树立全局观，在整体场景中分析问题。

每个事件都有其发生的场景，我们对收集的信息进行整理时，只有把该事件放入整体场景之中，才能找到问题的根源。比如，在由X、Y、Z组成的场景中触发了A事件，我们在剖析A事件的时候，一定要在X、Y、Z的全局中去寻找答案，而不是把 A 事件孤立起来进行分析。

我们只有在整体场景中，逐一排查，细心分析，不放过任何蛛丝马迹，才能找到问题产生的真正原因。以偏概全、窥豹一斑，都是逻辑思考应该避免的问题。

第四步，学会整理信息，搭建框架结构。

大量的信息会给我们庞杂无序、混乱无章的感觉，因此，我们在整理信息时，要搭建信息的框架结构，进行框架思考。先从大框架开始整理，然后逐步细化到下一级框架，就像修建房屋一样，只有稳定了四梁八柱，我们才能对每一个房间进行布局。

对信息进行整理和归类后，我们便能清晰地看到事物的整体架构和构成要素了。通过逻辑推理和对关键信息的抓取，我们可以进一步锻炼自己概括"这些信息究竟说明了什么"的能力，从而让我们不断逼近问题的本质。

框架是重要的整理工具，它能让问题更加条理化，让我们的思绪清晰化。不同的事物，不同的问题，我们都可以根据其主要特征和相关信息，建立不同的框架。比如，我们对商业环境进行分析，其一级框架可以是外在因素、市场状况、竞争对手、本公司；我们再根据这四个要素，展开二级框架，并逐级推演（见图2-2）。

第五步，发现本质，思考方案，实施办法。

这是一个发现问题到解决问题的基本过程，也是逻辑思维的三个重要步骤，即发现本质是前提，思考方案是决策，实施办法是执行。整个过程环环相扣，缺一不可，任何一个环节出现问题，都会影响最终的结果。在这个过程中，以下三点我们需要特别关注：

（1）在对事物本质下结论时，务必客观真实，避免主观色彩，同时，学会建立假设、验证假设，直至本质真实显现。

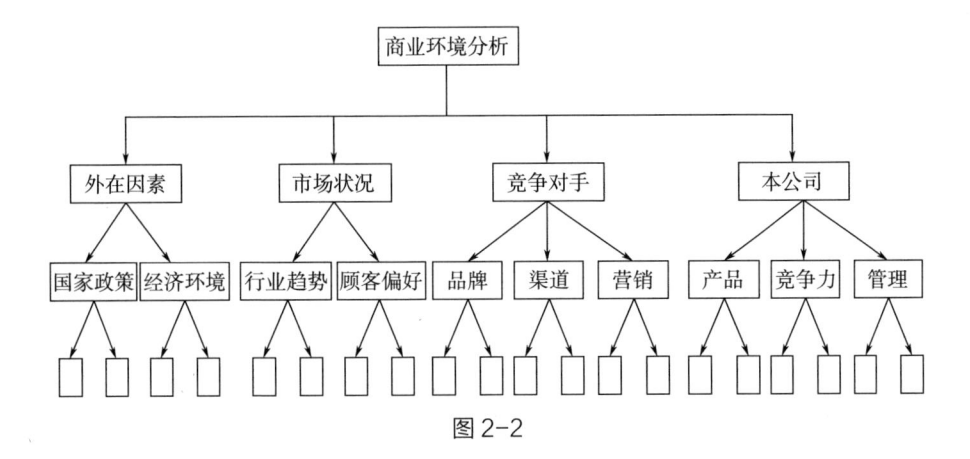

```
                    商业环境分析
        ┌──────────┬──────┴──────┬──────────┐
     外在因素      市场状况      竞争对手      本公司
     ┌──┴──┐      ┌──┴──┐     ┌──┼──┐    ┌──┼──┐
   国家  经济    行业  顾客   品牌 渠道 营销 产品 竞争力 管理
   政策  环境    趋势  偏好
    ↓↓   ↓↓    ↓↓    ↓↓     ↓↓  ↓↓  ↓↓  ↓↓  ↓↓  ↓↓
    □□   □□    □□    □□     □□  □□  □□  □□  □□  □□
```

图 2-2

（2）多角度分析思考方案，厘清思路，小心求证，反复推敲每一步落实后可能发生的情况，做好最优的选择和应急方案。

（3）实施办法时，必须考虑到流程和所需机制及相关人员的配合问题，无论多好的办法，实施出现偏差，最终都会变得毫无意义。

逻辑思考法，是从问题到答案，再到方案和执行的流水生产线：坚定决心是前提，收集信息是开始，全局意识是关键，框架思维是整理，解决问题是执行。只有步步到位，才能步步为赢。学会逻辑思考法，让我们思维领先，快人一步。

【极速小语：世界上最大的懒惰就是思维的懒惰，学会思考的技术，找到问题的根源，让逻辑思维带我们勤劳致富。】

2.3 不懂底层逻辑，怎能看透事物本质？

什么是底层逻辑？

不同事物之间的共同点，变化背后不变的东西，就是底层逻辑。发现底层逻辑，才能洞察事物的本质。我们对事物了解得越透彻，底层逻辑就越清晰，解决问题的能力就越强。

如果我们掌握了事物的底层逻辑，当环境发生变化时，我们就可以把它应用到新环境中去，从而产生新的方法论，而新的方法论又可以指导我们更好地开展工作。这就是底层逻辑的价值。

以短视频运营为例。无论我们怎么去模仿一条成功的短视频，包括其文案内容、吸睛标题、拍摄手法、背景音乐、槽点爆点等，我们也很难达到原作品的理想效果。这是为什么呢？

因为我们学到的只是技巧，而技巧是千变万化的，这一段时间可能有用，过一段时间可能就没用了。想要做好短视频，我们不可能一直去研究其变幻莫测的"术"，而要研究其规律与准则的"道"。无论术怎么变化，我们只要围绕短视频的推荐算法，制作有趣、有料、有用、深受用户喜欢的作品就可以了。

我们只有掌握了短视频制作不变的道，再围绕它进行各种各样术的加工，我们才有机会在短视频制作领域获得自己的一席之地。这里的"道"，就是短视频运营的底层逻辑。无论环境怎么变化，我们都要研究出一套可行的方法论，即"底层逻辑的道＋环境变化＝方法论的术"。

我们再以个人能力的提升为例。我们可以把那些不变的能力叫作"可迁移能力"，也就是说，无论你身处什么行业、做什么工作、转变什么身份，这些能力都可以被迁移，并得到重复使用，这就是个人能力的底层逻辑。它主要包含三个层次：

第一，底层的可迁移能力，主要包括各类思考力：基础认知、逻辑思维、深度思考、结构化思考、系统思考等。

这些能力之所以被放在了"底层"，是因为它们承担了类似社会基础设施的功能，从而为更多的上层建筑提供支撑。比如，无论我们从事什么行业，都离不开最基本的思考和认知能力，所以，它是可以被广泛迁移的底层能力。

第二，中间层的可迁移能力，主要包括一些基于底层的升维能力：学习力、沟通力、谈判力、表达力、领导力等。

升维能力对底层思维能力有一定的依赖性，即底层思维能力越强大，对升维能力的提升越显著。比如，你要提高表达力，如果你的基础认知、逻辑思维能力很强的话，你的表达能力就会很突出。

第三，上层的可迁移能力，主要包括技能层面的能力：听读能力、写作能力、设计能力、软件应用技能等，这些能力需要进行特别的训练才能够获得，使用场景就没有前两个层面那么广泛了。

越是底层的能力，就越通用；越是顶层的能力，使用场景就越狭窄。所以，我们应该优先把底层和中间层的可迁移能力培养起来。当我们拥有了这些底层逻辑中的硬通货，即使环境发生变化，我们也能轻松适应不同行业、不同岗位的需求。

可见，底层逻辑才是事物的核心，也是我们发现事物本质的关键以及获得方法论的重要前提。我们怎样才能掌握事物的底层逻辑呢？

（1）发现规律。春生夏长，秋收冬藏，看似庞杂无序的世界，其实都在按照自己的规律循环。天体的运行，万物的生息，世间万物皆有规律。去繁从简，去伪存真，拨开云雾见本质。

（2）以一通百。世间万物，阡陌交错，看似毫无联系，实则盘根错节。当我们掌握一个领域的规律之后，很可能也能掌握其他领域的规律，因为很多事，其实都是一件事。

（3）万变不离其宗。世上唯一不变的就是变，变才是永恒，但万变不离其宗，其本质没有发生变化。变的是相，不是本。《金刚经》里说："凡所有相，皆是虚妄。若见诸相非相，即见如来。"

（4）不断学习，不断思考，不断精进。我们可以训练自己用一句话来总结某件事的底层逻辑，然后与结果不断进行对比、校正，假以时日，我们就能比较轻松地看透事物的本质了。

下面我们来看看私域流量的底层逻辑。私域流量指的是低成本甚至是免费的，可以在任意时间、以任意频次直接触达用户的渠道，比如自媒体、微信号、各种社群等。它主要来自三个方面：

（1）付费媒体。比如，我们经常看到的电视、网络等线上媒体就属于公域流量。很多商家为了获得客户，通过"打广告"吸引客户的注意力，进而把公域流量的客户转变成自己的私域流量。

（2）自媒体。随着市场竞争的加剧，当电视、网络等线上媒体价格逐渐失去优势后，其红利期就慢慢消失了。这时，私域流量的阵地就慢慢转移到了自媒体。自媒体就像自己家的一个小池塘，不需要付费就可以反复触达，比如微信、公众号等。

（3）赢得媒体。当我们在微信、微博等平台发布一篇文章后，获得了别人的转发，从而吸引了更多的流量，这些用户就是我们靠优质内容所赢得的，这就是赢得媒体。比如拼某某模式，客户为了买到物美价廉的商品，转发链接让更多的客户一起来拼团，这就是平台所赢得的客户。

无论媒体的形式如何变化，付费媒体、自媒体、赢得媒体的底层逻辑永远都不会改变。因此，在打造私域流量的时候，我们不必去关注一直变化的媒体形式，只要找到符合自己需求的平台，通过购买、吸引或者赢得，建立自己的私域流量池就可以了。

《教父》里有句经典台词：花半秒钟就看透事物本质的人，和花一辈子都看不清事物本质的人，注定有截然不同的命运。愿你洞若观火、明察秋毫，随时能发现事物的底层逻辑，看清事物的本质，采取最有利的行动，收获最丰硕的果实。

【极速小语：只有掌握底层逻辑，我们才能拨开迷雾，直逼本质，发现世界运行的真相。】

2.4　多维思考，升级你的系统思维

3D 电影通过其强烈的视觉冲击力，给我们带来了更震撼的观影效果，但我们不戴 3D 眼镜是看不清银幕的。同样，在现实的多维世界中，如果我们缺乏多维思考能力，就容易陷入思维的陷阱。我们怎样才能升级自己的系统思维呢？

第一，善于过滤信息，做信息的筛选者。

我们对事物的判断，往往基于我们能看到或听到的信息。信息质量越高，我们的分析就越透彻；资料越全面，我们的判断就越精准。

甲对乙说，天鹅有两种颜色，白色和黑色，白色比黑色多；乙对丙说，天鹅有白色和黑色；丙对丁说，天鹅除了有白色和黑色，还有其他颜色；丁对戊说，天鹅的颜色是五彩缤纷的。

瞧瞧，黑白色的天鹅瞬间就成了五彩缤纷的。在日常生活中，由于信息传播的复杂性常常会干扰正确信息流的传输，所以通常情况下，我们看到的只是别人想让我们看到的，我们听到的往往是别人想让我们听到的。那么，我们应该怎么处理接收到的信息呢？

（1）虚心收听，初步过滤，留下有用的信息。

（2）查询资料，验证真伪，了解大家的思想。

（3）圈出重点，请教专家，听听行家的意见。

（4）小心求证，初步尝试，检验实践的结果。

在信息洪流中，不盲信、不盲从，善于过滤信息、甄别信息、求证信息、使用信息，才能让我们成为信息的主人，而不仅仅是信息的接收者。

第二，学会创新性思考。

如果从来都没有考虑过创新这件事，我们不过是别人的模仿者。因为受一场电影的启发，我把中国传统文化和饮酒文化结合，而创造了新型礼品酒杯；根据礼品的新颖、独特性，我把货币文化和吉祥文化相结合，开发了新的珍藏类爆品。没有创新，就没有社会发展的动力，关于创新性思考，以下这些方法或许值得你参考：

（1）训练大脑尝试新的东西。当你通过一件小事改变了以往的习惯时，你的思维就爬出了思维定式的深坑。比如换一个新牌子的洗发露、走一条没有走过的路、思考一个新的方法等。

（2）学会多元化思考。每个人都有自己的一套思考模式，我们必须了解自己的思维框架，然后跳出框架进行发散性思考，从而发现更多的可能性。此刻，我们无须考虑对错，只需探索未知，在不可能中发现可能，才是思考的重点。

（3）找到理想的思考环境。不知你是否发现，当我们在某些地方思考的时候，思维特别活跃，灵感犹如泉涌，这些地方可能是家里的客厅，可能是外面的一块空地，也可能是一个特别的环境。找到这些地方，让思想奔跑起来吧！

第三，看清本质，抓住矛盾，把握方向。

当事物错综复杂的时候，我们很难看清其全貌。面对庞杂的信息，我们常常束手无策，思绪混乱。为了更透彻地了解事物背后的真相，我们可以问自己三个问题：

（1）事物的本质是什么？

（2）事物的主要矛盾是什么？

（3）事物的发展方向是什么？

举个例子，国家发布了打击比特币"挖矿"和交易行为的政策。有人认为，区块链是科技骗局、比特币是"郁金香泡沫"、虚拟资产不靠谱……其实，为了规范区块链行业的发展，国家每年都会出台一些引导政策，我们应该如何去解读呢？

（1）事物的本质。国家要维护金融秩序，保障金融安全，防控金融风险，打击非法交易，维护社会稳定。

（2）事物的主要矛盾。区块链是当下的热门话题，也是投资的热点，如何在国家政策的监管下，在法律允许的范围内参与区块链生态建设，科学、理性地投资是需要重点关注的问题。

（3）事物的发展方向。两手抓，两手都要硬：一方面，大力发展区块链产业，鼓励区块链创新，推动区块链生态落地；另一方面，坚决打击一切以区块链为外衣的违法乱纪行为，扫除区块链发展障碍，净化金融市场。

通过分析可以发现：本质让你一眼看到底，主要矛盾让你明确核心关键，方向让你知晓未来。这是我们进行深度思考非常重要的三个元素。

第四，学会深度思考。

卡尔·波夫曼说过，从来没有人强迫你放弃思考，是你自愿的。在信息大爆炸的时代，我们被各种信息包围着、轰炸着，如果我们不加筛选、不加思考，大脑就会偏向于直线思维，并逐渐失去判断力、思考力。我们怎样才能培养自己深度思考的能力呢？

（1）少说我觉得。"我觉得"很容易使人产生个人偏见，这在一定程度上暴露了个人的认知边界。真正善于思考的人，都有着开放的心态，他们能够看到不同、尊重不同，从而在客观的事实中找到真相。

（2）多问为什么。对任何事情都不要轻易下结论，要抱着审视的态度、批判的思维、合理的质疑，学会在好奇中全面地思考、不断地追问，从而减少认知盲区，扩展思维边界，直到发现事物的本质。而这一切，都要从多问"为什么"开始。

（3）多听别人说。对于同一事物，不同的人有不同的见解和观点，可能每个人都只看到了其中的一部分。多听听身边人的意见，特别是行家、专家的看法，就可以提高我们的思维质量，扩展我们的认知边界，从而做出正确的分析和判断。

（4）多角度看看。事物的呈现，不仅只有一面，我们要试着从不同角度，采用不同的方法进行分析，比如因果思维法、逆向思维法等。只有这样，我们才能从不同角度了解到事物的全貌。

第五，学会系统化思考。

任何事物都不是孤立的，每个事件都存在于某一系统之中，学会系统化思考，拥有全局思维，才能运筹帷幄、决胜千里。同时，只有将复杂的事简单化，简单化的事模式化，模式化的事系统化，我们才能更好地掌控自己的人生。训练系统化思考的能力，我们可以从以下四个方面入手：

（1）学会列清单。把生活中方方面面的事情列一个清单，再按时间、类别进行整理，让大脑随时保持清醒，这样我们的生活将会越来越有条理，我们对自己的人生也会越来越有掌控感。

（2）释放大脑空间。如果我们的大脑是一个硬盘，当它存储的信息过多或者超负荷时，它的运行速度就会变慢。做好规划，学会定期释放空间，才能专注做好当下。

（3）敢于大胆尝试。对于未知的世界，没有太多的规则可言，不拘一格，才能进行有创意的系统思考。只要你觉得某个方法对自己有效，就可以大胆一试，惊喜总是藏在行动之后的。

（4）多维思考。它需要我们不断学习、正视冲突、保持沟通、考虑概率、关注因果、头脑风暴、放眼大局等，在有序或无序的未知世界里，探索更清晰的未来。

【极速小语：思维不同，人生不同。以不同的视角，用不同的方法，走不同的路，我们才能看到不同的风景。】

2.5 没有思维力的人，注定难以成长

如果说思想是 21 世纪的货币，那么思维力就是获取货币的能力。它是一种比思维技能、思维方法更高维度的力量。思维力就像一把锋利的刀，划破黑夜的长空，引领我们走向闪耀的人生。你的思维有力度吗？我们来简单测试一下：

面对挑战时，你是消极避让，还是迎难而上？

遭遇挫折时，你是直接放弃，还是坚持不懈？

被人批评时，你是充耳不闻，还是虚心接受？

如果你的答案倾向于前者，你的思维就是软弱无力的；相反，如果你的答案倾向于后者，你的思维则是铿锵有力的。

我们把前者称为常规性思维，它常常表现为对事件直观、本能的反应；我们把后者称为突破性思维，它是针对常规性思维的一种突破，具有开拓、创新、进取的精神。

在《终身成长》一书中，作者卡罗尔·德韦克把这两种思维分别称为固定性思维和成长性思维，她对无数渴望成长的人产生了巨大的影响。然而，我们的思想不是固定不变的，它是在周围的环境中逐渐形成的，而突破性思维相对于成长性思维，更具有突破的精神，这正是极速成长所需要

的力量。

常规性思维说,山高路黑好无助;突破性思维说,车到山前必有路。你选择什么样的思维,就会看到什么样的世界。如何才能获得突破性思维呢?我们可以通过三个步骤来实现:

第一,积极适应各种变化。

达尔文曾说:"在大自然的历史长河中,能够存活下来的物种,既不是那些最强壮的,也不是那些智力最高的,而是那些最能适应环境变化的。"

世界不会一成不变,物竞天择,适者生存,是永恒的自然法则。当我们把变化当作常态,具有"随机应变"的意识时,我们就能处变不惊,顺势而为。

新冠肺炎疫情的暴发,使传统商业模式遭受冲击,不少线下企业倒闭,但有些嗅觉灵敏、反应迅速的企业抓住了线上发展的机会。可见,在未来,最大的能力,就是适应变化的能力,这是我们生存的基本准则。

第二,敢于接受各种挑战。

无论在职场上还是在生活中,我们只有接受挑战,才有可能实现心中的目标。只有敢于突破自我的人,才能学到新知识、掌握新技能、获得新经验,从而获得更好的成长和更大的进步。

由于学业繁重、压力很大,东尼·博赞在上大学的时候一直在寻找如何高效利用大脑的方法。可是,他始终没有找到相关的书籍。后来,他突发奇想,为什么不自己研究一下呢?

于是,他通过大量的学习和不懈的努力,终于找到了解决方法,那就是模拟大脑的发散结构,绘制思维导图。正因为东尼·博赞敢于接受新的挑战,勇于自我突破,才有了思维导图,所以,他被人们称为"思维导图之父"。

第三,正确面对各种挫折。

我们在成长的过程中,可能会遭遇很多的失败,但最好的机会也往往藏在这些失败背后。如果我们懂得坦然面对挫折,并积极吸收失败中的营养,我们就离成功不远了。

通常情况下，心理的成功是通向现实成功的关键。我们只有在遭遇挫折之后，勇敢地站起来，研究下次该怎么做，我们才有成功的希望。

爱迪生进行了1000多次灯泡实验，都以失败告终。一名记者去采访他："爱迪生先生，您已经进行了1000多次实验，失败了1000多次，应该可以放弃了吧。"

爱迪生却说："我不是失败了1000多次，而是成功了1000多次，我成功地证明了哪些方法是行不通的。"

人的一生会遇到很多挫折，把别人眼中的失败，看成是自己的成功，我们就突破了常规性思维，走向了更加美好的人生。

强弱之分在于思维，思维力决定了我们的能量。假设思维力分10级（见图2-3），1~5级为常规级，6~10级为突破级，数值越大，能量越高。面对困难，你处于哪个量级呢？

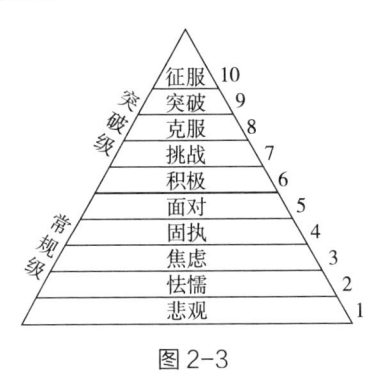

```
         征服  10
     突破       9
     克服       8
     挑战       7
     积极       6
     面对       5
     固执       4
     焦虑       3
     怯懦       2
     悲观       1
```
（突破级：10-6；常规级：5-1）

图2-3

当乔丹遭受挫折时，突破性思维拯救了他，他的努力程度令教练惊讶不已。多年以后，乔丹成为篮球赛场上的焦点人物。他是电视荧幕前最受欢迎的英雄之一，被誉为"传奇天才"。

当爱迪生遭遇失败时，突破性思维成就了他。在经过上千次的实验后，他成功地改良了灯泡，并成为"发明之王"。爱迪生的伟大之处，不在于他的发明，而在于他突破性思维的巨大力量！

漫漫人生路，难免坎坷崎岖，既然畏畏缩缩，当初何必上路？突破吧，让我们的思维力势不可当！

【极速小语：思维的力度，决定成长的速度。强大自己，从提升思维力开始。】

2.6 简单三招，让你拥有比别人多一倍的成长时间

世界上唯一不可再生且能称为无价之宝的，可能就是时间了。与时间和谐相处，做时间的朋友，我们才能得到时间最丰厚的奖赏。

鲁迅先生曾说："生命是以时间为单位的，浪费别人的时间等于谋财害命；浪费自己的时间，等于慢性自杀。"当我们站在生命的高度来看待时间时，我们对时间的理解就更加深刻了。在此提供简单三招，让你拥有比别人多一倍的成长时间。

第一，学会计算时间的成本和价值。

我们假设：成绩＝时间×单位产出率，如果单位产出率是相对稳定的，那么时间就是一个关键性指标，即有效时间越多，取得的成绩就越大。

什么是有效时间？如果你把时间作用在关键生产力上，并产生了目标效果，你的时间就是有效的，如果你把时间用在了看电影、刷视频、玩游戏、睡懒觉等事情上，你的时间就是无效的。

如果你平均每天的有效时间低于 3 小时，我们就可以判定，你的成长速度十分缓慢，你的时间已经失控，并在不断贬值。

我们来算一笔账。假如你每个月的工资是 8000 元，一个月工作 20 天，每天工作 8 小时，那么你 1 小时的价值就是 50 元。这 50 元就是你每小时的

时间成本。

由于收入不高,你在郊区租了一个单间,每月的房租是900元,但遗憾的是,你每天上下班时间要花费3小时,这令你非常苦恼;你也可以在公司附近租个单间,每天上下班只需1小时,但每月的房租是2000元。你会怎么选择呢?

我们来计算一下。原来每个月的成本是:3小时路程×50元/小时×20天+900元房租=3900元。如果租用公司附近的单间,每个月的成本是:1小时路程×50元/小时×20天+2000元房租=3000元。

有没有感到很惊讶?换了单间后,你付出的成本不仅更低,还足足多了2小时的盈余时间,这就在无形中给你创造了更大的价值。同理,你还可以采用更高效的交通工具,节约出行时间;通过知识付费服务,节约摸索时间……当你学会了计算时间成本和价值,你就懂得如何提升自己的有效时间,从而获得更快的成长速度了。

第二,高效利用零碎时间。

我们每天的24小时,都是由3个8小时组成的。第1个8小时,大家都在工作;第2个8小时,大家都在睡觉。那么重点来了,第3个8小时,你在做什么呢?

人与人的差距,主要是由第3个8小时拉开的,这就是著名的"三八理论"。如果把这8小时浪费了,它就没有产生任何时间价值;如果把这8小时用来提升生产力,它就成了你的有效时间。那么,如何用好这8小时的宝贵时间呢?

有一个著名的"3B法则":坐公交(Bus)、睡觉(Bed)、洗澡(Bath),非常值得我们借鉴和学习。也就是说,利用好坐公交车、睡觉前、洗澡时这样的碎片时间,就可以让我们的时间变得高效。

第一个"B"(Bus),即坐公交车的时候,你在做什么。

有的人在听音乐,有的人在看小说,有的人在闲聊,有的人在发呆,而有的人却在工作、学习。你每天花在交通工具上的时间大概有多少?如果是

2小时，一年下来就是700多个小时啊！

也许你会发现，有的人明明有车，可大部分时间并不开车。为什么呢？是因为害怕堵车，还是因为油费太贵？不，他们的答案是，开车需要专注驾驶，而乘坐公共交通工具，就可以在这段时间干点有价值的事情了。

第二个"B"（Bed），即睡觉前，你在做什么。

你不会一上床就睡着了吧？你可不可以利用几分钟的时间，把当天的工作进行一个复盘或总结？能不能把明天要做的工作，按照优先顺序写在记事本上？千万不要小看了这短短几分钟，它正是人与人拉开距离的地方。

第三个"B"（Bath），即洗澡时，你在做什么。

可能大多数人都在发呆吧！你何不利用这点时间听听语音课，或者思考一些问题。有些人坐在马桶上都在学习和思考，你说他能不进步吗？

其实，碎片化的时间还有很多，你可以随时随地把它们利用起来。所谓聚沙成塔、集腋成裘，只有化零为整，才能实现高效成长。有人说，这样会不会太累了？不，只有自律，才能自由。真正的自由，只有舍弃短暂的享受，才能得到长久的保障和幸福。

请记住：思维孕育行动，行动培养习惯，习惯决定命运。高效时间的利用，是从思维开始的。不过，有的人即使听过很多道理，也过不好自己的生活。为什么呢？因为光听道理是没用的，实践才是检验真理的唯一标准。知易行难，难的是知行合一。但是只要我们迈出了第一步，我们的人生就开始发生改变了。

第三，花钱购买时间。

俗话说，一寸光阴一寸金，寸金难买寸光阴。时间如此珍贵，能买得到吗？是的，从某个角度来说，花钱是可以买到时间的。

比如，花钱参加高品质的培训课。有人认为，自学才是最省钱的办法，其实从时间管理的角度而言，这恰恰是最浪费时间的。如果你自学需要1年的时间，但是通过培训，只用了5个月时间；然后你很快就找到了工作，3个月就挣回了学费，并获得了更多的经验。你认为哪个更划算呢？

在这个世界上，如果能花钱买到时间，那一定是最划算的买卖。时间的使用方式主要有三种：自用、雇用、重复用。自己为自己工作就是自用；花钱买别人的时间，就是雇用；制作一个产品，可以反复卖给更多的人，就是重复用。懂得放大时间收益的人，都是时间效率极高的人。

最后，真正的时间管理，不是从 1 小时里省出 10 分钟，而是从 10 分钟里省出 10 小时，所以，你需要用 10 分钟的时间去思考一下，这 10 小时，甚至 100 小时的事情，是否值得你去做。

【极速小语：人与人的差距，往往在于时间上的产出比。对于时间的使用，一定要学会"斤斤计较"。某天，当你感觉到时间就是生命时，你就开始成长了。】

2.7 你的学习，可能正在浪费你的宝贵时间

在烛光的世界里，灯泡是有罪的，而对一个不爱学习的人来说，任何新知识、新事物的出现都是不应该的，因为这对他们固有的知识体系造成了破坏和冲击，使其原有的知识福利也逐渐消失了。

对学习的懈怠，就是对自己无情的伤害。你的学习能力和学习效力，正在通过生活一步步展现出来。学习固然重要，但很多的人学习，可能正在浪费自己的宝贵时间。为什么这么说呢？

（1）漫无目的地学习。很多人总爱一时兴起，想学什么就学什么，什么流行就学什么，朋友推荐什么就学什么。他们很爱学习，但具体学到了什么，他们自己也说不清楚。

多学习是好事，但我们的时间和精力终究是有限的。我们不能在书籍的海洋里随波逐流，而应该乘着知识的小船直达彼岸。所以，有目的的学习才是真正的学习。在不同阶段，我们只有学习对我们有用的知识，才能获得最高的效率。

（2）对知识太贪心。书到用时方恨少，大量的学习是必要的，但关键问题是，很多人都学"跑偏"了，最后成了一个"博览群书"——什么都懂一点，却什么都不精通的人。多学一点并没有什么不好，不好的是，你学的对

你并没有什么用。

其实书籍大致分为两类：普及类和专业类。普及类是我们的知识底座，是我们每个人的知识基础，越扎实越好。而我们成就的分水岭，是我们对专业类知识的学习和实践，它主要体现了我们在某个领域的深度和竞争力，需要我们付出大量的时间去累积和提升。

（3）没有把知识转化为行动力。知识本身不是力量，运用知识才是力量。学习的目的是什么？如果没搞懂这个问题，你很可能成为一个有才华却不会使用才华的人。满腹诗书，却不名一文，其根本原因在于没有将知识转化为行动力。

那么，怎样才能高效学习呢？我们可以从以下几个方面来进行：

第一，选好书。知识输入的质量决定了成长的质量，只有好的书籍才能带来丰富的养料，从而帮助我们高速成长，面对知识的海洋，我们心中必须有导航图。

第二，听好课。作为书籍的重要补充，选择优质的语音课进行学习是非常必要的。更重要的是，语音课是碎片化学习的最佳搭档，可以帮我们争取到大量宝贵的成长时间。

第三，做笔记。做笔记是学习的标配，它可以帮我们整理思绪，强化要点，加深学习印象，方便日后回顾。另外，写下感悟和心得，学会记录自己的进步，即使再小的进步，也会起到很好的作用。

做笔记不要简单地摘抄，而要理解作者的思路，清楚作者的意图，厘清文章的脉络，抓住章节的重点，并结合自己的情况认真思考：我现在是什么情况，我应该怎么运用，接下来如何执行。只有通过阶段性努力，掌握不同的知识点，才能让知识产生行动力，进而达到读书的目的。

第四，知识输出。如果只输入知识，而不输出知识，就会像茶壶里面的汤圆——倒不出来。只有不断输出的人，才能真正掌握知识的精髓。知识输出分两个方面：

一是写。总结所学到的知识，并通过自己的思维加工厂，把这些知识输送出来，可以采用笔记、微博、公众号、朋友圈等形式。写得越多，内化越好，成长越快。

二是说。知识在于分享与传递，将学到的知识形成自己的观点后，我们要多找一些机会表达出来，从而巩固和强化这些知识点。当我们可以在不同观点和思维之间自由切换时，我们就成了真正的思考者。

第五，不断学习。要想保持活跃的思维，就要不断地学习，不断地获取新知识、新方法、新体验；否则，我们的人生就会陷入无聊和乏味的循环。

我们会在不同的场景中发现不同的自己，并学习到不同的知识。唯一需要注意的，就是千万不要陷入新的刻板状态。只要不断尝试，我们就会变得更加强大。

【极速小语：有时候，你不是真的在学习，只是看上去在学习而已。拥有知识的错觉比没有知识更可怕，让学习产生效益，别让它浪费你的宝贵时间。】

2.8 简单！这样学习成长速度会很快

学习不是目的，学习的重点在于"习"。学习是把未知变成已知，再把已知变成认知，最后把认知用于实践的过程。所以，没有现实指导意义的学习，只能沦为一种无聊的形式。

怎样才能快速高效地学习呢？我们可以试试"大树学习法"。什么意思？一棵树主要由树根、树干、树枝、树叶几个部分组成，这就是一棵树的框架。

我们学习任何一个领域的知识，首先要在心里建立一棵该领域的大树框架，然后看看树干是什么、树枝是什么、树叶是什么。当我们构建好大树的框架后，再把学到的知识挂在相应的位置上，该领域的知识全貌就会逐渐呈现出来。

我们学会了大树学习法，就可以在心里种下一棵认知之树。当我们从不同的渠道获得知识后，就可以把这些知识分类挂在这棵树上最合适的位置，随着时间的推移，这棵树就会慢慢长得枝繁叶茂了。相反，如果我们心中没有这棵大树，知识就无处安放，不久就会被时间冲散了。

搭建认知之树的目的，主要是帮助我们杜绝只见树木、不见森林的情况。如果第一阶段是栽树，那么第二阶段就是养树。怎么养呢？我们需要给它浇水、施肥，即不断学习，不断积累，它就会茁壮成长，慢慢长成一棵参天大树。

学习时，我们需要对知识进行系统性的整理，这样便于我们更清晰地看到知识的轮廓与细节。同时，我们还要训练自己的思维技能。当我们的大脑只是存储信息的硬盘，而不是处理知识的 CPU 时，我们的学习往往是低效的。下面我来分享几种超级好用的学习方法：

（1）定时学习法。给自己确定一个固定的学习时间，这段时间只能心无旁骛地学习，哪怕学不进去，也不能做其他事情，比如玩手机、看电视、听音乐等。

（2）增量学习法。每周给自己增加一些学习任务或者学习时间，直到达到理想的状态为止。刚开始学习时，不要抱着一蹴而就的心态，否则很容易半途而废。从点滴做起，刻意训练自己持续学习的耐心和能力。日积月累的能量会让你感到惊讶。

（3）回想学习法。很多时候，我们以为看完一本书、画一下重点就算完成学习了，但我们很快就会忘记刚刚学完的知识。怎么办呢？我们要学会提取章节中的关键词，用自己的话进行复述；然后在 24 小时之内重温一遍，并将其制作成思维导图；最后根据自己掌握的情况，按照每周、每月再重温一次的频率，把短期记忆逐渐转变为长期记忆。

当然，如果你还想提高学习效率，进一步加速自己的成长，可以通过降低和提高相关刺激来完成：

（1）降低诱惑的刺激。学习效率不高，很大一部分原因在于外界诱惑太大，而学习动力太小。强制要求自己远离手机等具有诱惑性的东西，可以静坐、闭目养神或者去运动等。只有静下心来，才能提高学习的专注力。

（2）提高学习的刺激。为了让学习充满乐趣，你可以设置奖励机制，把自己最想得到的东西和学习挂钩；你也可以把每天的任务列一个清单，每完成一项，就画掉一项，这种带进度条的闯关模式，会让你很有成就感；你还可以找一些小伙伴一起学习，相互促进，相互监督；在状态不好的时候，你可以换个时间段或者新环境继续学习。

通过系统性学习后，我们就进入了第三个阶段。该阶段的主要任务是育树。育树与养树不同，需要专业园丁的参与，根据树木的生长情况进行诊断，并给出专业的指导意见，确保这棵树得以健康地成长。

当有了一定的认知基础后，我们就可以向行业专家学习了。他们长期在一个领域里深耕，掌握了大量的核心知识和经验，付费向这些获得成功的绝少数人学习，是加速成长的关键。

现在的知识付费平台有很多，比如得到、在行、知识星球等。知识付费是花钱买别人的时间和经验，是对知识最基本的尊重，也是对自己学习态度的肯定，更是一道成长的分水岭。

向行业专家学习时，需要做好充分的准备——提前掌握好相关背景知识，做足功课，并清晰地列出自己的核心问题，以谦卑的心态向专家请教。假传万卷书，真传一句话，当你把一个个问题逐步解决的时候，你就会获得突飞猛进的成长。

经过栽树、养树、育树，一棵郁郁葱葱、生命力旺盛的大树就慢慢生长起来了。有人说，这个过程太漫长、太痛苦了，可如果你的学习不能持续，你的成长就会停滞。世界上从来没有容易的事，成长也只有一套运行法则。你何不享受这个过程，把它变成一种热爱呢？

【极速小语：栽一棵树最好的时间是现在，成就一棵树最好方法是学习、积累和沉淀。】

2.9 撒手锏：用好你的人生核武器（上）

一言之辩，重于九鼎之宝；三寸之舌，强于百万之师。一场演讲，胜过千军万马，演讲就是我们的人生核武器。它会提升我们的魅力，放大我们的能量，从而让我们散发出无限光芒。

优秀的演讲可以传递知识、启迪思想、鼓舞士气、提升自我，甚至改变我们的命运。我本人就是演讲的受益者，它帮我实现了快速的成长。

我第一次演讲是参加初中时的一次作文演讲比赛。那一次，我以失败收场，羞愧难当。后来，我看了不少关于演讲方面的书，并在私下演练，不断寻找机会锻炼，终于又找到了一些感觉。多年以后，当我自信满满地站上一个更大的舞台时，不禁感慨万千——我终于战胜了自己，圆了自己的演讲梦！

演讲的准备工作包括三个内容：明确演讲目的、设计演讲稿、练习。

（1）明确演讲目的。我听过很多演讲，有些演讲现场气氛非常热烈，演讲的内容也非常出彩，但其实并未及格。为什么？因为它的目的并不鲜明，甚至没有目的。

明确演讲目的是做好演讲准备工作的第一要素。这一点非常重要，至于语言措辞、具体内容、技巧运用……都是为目的服务的，目的不明确，其他统统作废，毫无意义。

我们需要思考三个问题：怎样才能达到目的？达到目的有哪几个指标？在演讲中应该怎样安排这些指标内容？这三个问题解决之后，再去设计演讲内容，我们的演讲至少 60 分起步，这就是演讲中的以终为始。

（2）设计演讲稿。我们可以用"分确演搜写"这五个字来概括，具体从五个方面进行：

一是分析观众。观众是谁？他们有什么特点、兴趣、爱好？

二是确定主题。主题是什么？中心思想是什么？核心关键是什么？

三是演讲提纲。有几个板块？有多少小段？有哪些重点？

四是搜集素材。需要哪些材料？材料分哪些类型？

五是写演讲稿。需要多少时长？大概多少字？

全球闻名的 TED 演讲，创下了总计 10 亿多次的视频点击量，被公认为全世界最高水准的演讲。在《像 TED 一样演讲》一书中，作者介绍了一场启迪人心的演讲必备的三个要素：情感、新奇、难忘。

情感，可以打动心灵，引起共鸣，让大家从情感深处认同和接受演讲者。情感是演讲的脉搏，你需要找到触动你心灵的思绪，释放你内心的热情，然后利用故事情节、数据、思想、肢体语言等，去感染每一位观众。

新奇，让观众对你产生浓厚的兴趣，吸引观众的注意力。人们对平淡无奇、索然无味的东西存在天然的排斥感，只有真正独特、让人意想不到的演讲才能让你脱颖而出。

难忘，让观众对你的演讲方式记忆犹新。一场演讲，能够给观众留下什么呢？一场精彩的演讲，应该给观众留下深刻的印象，可能是一句话，可能是某个观点，可能是一种思想。还记得丘吉尔那场著名的演讲吗？那句"永远，永远，永远不要放弃"至今回荡在历史的天空下。

当我们确定演讲目的后，所有演讲的内容都可以围绕着情感、新奇和难忘来展开，这正是一场演讲的精髓与灵魂所在。当然，你要是能够再给演讲加一些佐料，比如幽默、互动、启迪等，那么一场令人垂涎欲滴的饕餮盛宴就要呼之欲出了。

（3）练习。一篇演讲稿需要练习多少次呢？我的标准是：至少3次。3次只是一个基本的数量要求，更进一步来说，我们要观察3个核心的练习指标：流畅度、情感饱满度和内容的逻辑性，而这3个指标都是在3次以上的练习中逐渐调整和掌握的，需要我们用耐心来沉淀。

有个小经验分享给你。你可以每天读一篇文章，试着用5分钟的时间对这篇文章进行演讲式的分享，并录音，然后观察3个核心指标的满意度，找到不足之处再进行调整，如此反复，一个月之后，你一定会有很大进步。

对于一次非常重要的演讲，我至少会练习5次以上。我会对着镜子练，以便观察自己的演讲状态；我会对着花草树木练，它们都是我的观众朋友。

【极速小语：获得演讲技巧最快的方法是练习，提升演讲能力最快的方法是不断练习，累积演讲经验最快的方法是大量练习。】

2.10 撒手锏：用好你的人生核武器（下）

演讲是优点的聚光灯，是能量的放大器。演讲可以推广我们的思想，扩大我们的影响力。想要自己的人生更加出彩，请走上演讲台吧！

根据个人经验，对于演讲，我总结了四句话：兴趣开门尾出彩，哦呵啊呀情绪来，八字真言一字串，不快不急有清单。什么意思呢？我们一一来展开。

第一，兴趣开门尾出彩。以兴趣开头，能迅速吸引观众的注意力，让演讲有一个好的开始。出彩的结尾是整个演讲的点睛之笔，会把演讲推到高潮，给精彩的演讲画上一个圆满的句号。

演讲怎么开篇才能让观众感兴趣呢？你得想办法让观众的目光聚集在你的身上，这里可以运用吸引力法则：视觉吸引，一张特别的图片；听觉吸引，一段不同寻常的电影或音乐；语言吸引，幽默风趣的表达；问题吸引，一个引人深思的问题。

而对于结尾，一般是高阶的盘点与总结。它可能是中心思想的极致升华，也可能是演讲目标的行动指南。精彩的结尾是一个触动开关，轻轻一按，就可以带来耐人寻味的思考，以及经久不息的掌声。

第二，哦呵啊呀情绪来。"哦呵啊呀"是观众情绪在不同情境中的自然流露，是对演讲内容的一种深度反馈。

"哦"代表的是：哦，是这样啊，即观众在你的演讲中学到了东西。"呵"代表的是：哈哈大笑，即观众被你的幽默或者某个情节逗乐了。"啊"代表的是：啊，怎么会这样呢？即观众出乎意料的惊讶。"呀"代表的是：呀，我一直都是这样想的啊，即引起观众内心的共鸣。

"哦呵啊呀"是演讲的一种情绪设计，是演讲者引导观众情绪的指挥棒。它对知识、趣味、意外、共鸣进行了巧妙的安排，一些过山车式的情绪体验，一些戏剧化的情节，一个生动感人的故事，一个意料之外的结局，都是一场精彩演讲的灵魂所在。

第三，八字真言一字串。流畅、有料、互动、行动，就是演讲的八字真言。它是对一场演讲最简单朴素的要求，是每一个演讲者都应该掌握的基本内容。

流畅代表娴熟、干练，要做好充分的准备；有料代表有货、有用，对观众有所帮助；互动代表演讲不是一个人的事，要和观众进行沟通交流；行动代表对观众的指引。

一字串又是什么意思呢？还记得上一节我们讲如何设计演讲稿的内容吗？我们把每个主题取一个字，然后把它们串起来，组成了"分确演搜写"这五个字。

在演讲的过程中，我们也可以采用这个技巧，把每个板块、每个章节的内容，用一个或几个关键字串联起来，然后形成一句容易记忆的话，这样我们在演讲的过程中就不会忘词，从而大大地提高了我们演讲的自信心和流畅度。

第四，不快不急有清单。这是演讲中的注意事项。在演讲过程中，我们怎样才能做到有条不紊呢？答案就是，我们的演讲速度不能快于思考速度。当思维跟不上语速的时候，肯定会出现卡顿的情况，所以，我们应该给思维多一点时间，适当地放慢演讲速度。

特别强调一点，当我们有一定的演讲基础后，一定不要去念逐字稿，而要尽量做到脱稿演讲。念逐字稿的时候，我们是在表演，而不是在演讲，并且我们没有时间去照顾观众的情绪，不能与他们形成互动。这样演讲的结局就是，大家都很难受。

同时，在表达一个内容或者观点时，我们要有理有据、娓娓道来，把一个个有力的内容呈现在听众面前，做到360度无死角的剖析，让观众自己说服自己，而不是去灌输某个观点，即做到春风化雨，不急不躁。

当然，我们不可能每次演讲都能做非常充分的准备，比如即席演讲。这里分享一个小技巧，我们可以把它叫作"3分钟框架"。无论在任何场景中，我们都可以提前花3分钟时间，在脑海里构思一个跟当下主题相关的内容，可以是自己的思想、观点、感触、建议、意见、总结等，搭建一个小框架，列上三个小标题，做到心中有数，如果真需要我们演讲的时候，便可以做到"手中有粮，心中不慌"了。

最后，演讲是一个系统工程，特别是一些重要的大型演讲，需要关注的点特别多，比如时间、地点、观众、规模、主题、时长、音箱、话筒、灯光、调控等。所以，我们需要列一个清单，把涉及演讲的人、事、物统统列出来，一样一样地落实到位，才能保证演讲系统的顺利运转。

这里有个小经验：在每场演讲时，最好提前准备一个"急救包"。什么意思？当我们在演讲的过程中出现意外时，比如设备故障、调控失灵、程序打乱、意外中断等，我们应该做些什么？唱一首歌，讲一个故事，还是别的什么？这就是我们的演讲"急救包"，切记提前备好，以备不时之需。

演讲让我更加自信，加速了我的成长。它让我获得了展示的机会，也让我得到了更多人的认可。多年以后，在公司的年会上，台下掌声雷动，几千人的声浪将我推上舞台。当耀眼的灯光打在我的脸上时，我才发现，那是我无数滴汗水凝聚的光芒……

【极速小语：演讲是能量的放大器，更是成长的助推器。如果人生必须学一项技能，强烈推荐你学习演讲。】

2.11 认知贫穷，是极速成长最大的障碍

有一天，我和几个朋友在一起喝茶，茶坊的电视正在播放电视剧《甄嬛传》。一个在大学教书的朋友就问旁边一个朋友："你知道这个《甄嬛传》中的'嬛'字是怎么念的吗？"

"哈哈，刘教授，你在逗我吗？这个字读 huán 啊。"那个朋友回答道。

"那你们几个说这个字读啥呢？"教授又问其他几个朋友。

"当然读 huán 咯。你没有听到电视剧中的人，都念这个音吗？"其他几个朋友笑着说道。

最后，我们 6 个朋友和这个教授打赌，谁输了就做 50 个俯卧撑。结局是，我们一共做了 300 个俯卧撑。

原来，《甄嬛传》中的"嬛"字，应该读 xuān。娘娘引用的"嬛嬛一袅楚宫腰"中的"嬛"字，出自宋代蔡伸的《一剪梅》，是指轻柔美丽、婀娜多姿的女子。可大多数人都把它念作 huán 啊，我们顿时都傻眼了。

我们为什么会犯这样的错误呢？因为我们不知道"我们不知道"，这就是认知盲区。夏虫不可语冰，蟪蛄不知春秋。夏天的虫子，看不到冬天的寒冰，而寒蝉的生命周期穿越不了春秋。我们的一生，都在为自己的认知盲区而埋单，我们的错误、挫折、失败，都是认知不足导致的。换句话说，如果

我们的认知到位了,就能避开许多雷区。所以,不断提升认知是我们一生最重要的任务之一,也是我们加速成长的必修课。

后来,经过一次次的创业失败,我才慢慢明白,无论在哪个行业,那些比我们成功的人,都是认知比我们更高的人。在未来,一个人的优势,在很大程度上取决于认知的优势,社会竞争的本质,就是认知高低的竞争。

字节跳动创始人张一鸣曾说:"我最近越来越觉得,其实对事情的认知是最关键的。你对事情的理解,就是你在这件事情上的竞争力。理论上其他的生产要素都可以构建,要拿多少钱,拿谁的钱,要招什么样的人,这个人在哪里,他有什么特质,应该让怎样的人配合在一起。所以你对这个事情的认知越深刻,你就越有竞争力。"

我们的认知能力主要由两方面决定。一方面,我们摄取信息的数量。当我们开始大量地汲取知识时,我们的视野就会被逐渐打开,从而看到更广阔的天地。另一方面,我们处理信息的质量。在信息的洪流中,高效地处理信息,筛选吸收高质量的知识,能够快速提升我们的认知能力。

如果你的思维不到位,即使你不断增加自己的信息量,也只是无效的堆积。查理·芒格认为,学习并不是为了追求更多的知识,而是为了寻找更好的决策依据。这个决策依据,就是我们的思维模型。

认知不仅仅是一种视野,更是一种能力,决定了我们的高度和未来。当认知能力不足时,我们的顿悟很可能只是别人的基本功。那么,我们应该如何培养自己的认知能力呢?

(1)正确地认识自己。人自愚,查人则明;人自智,查己则昏。有时候,我们能清楚地认识别人,却很难正确地认识自己。我们常常沉浸在自己的认知世界里,总以为事情是"这样的",而事实往往是"那样的"。这是事情的问题吗?不,这是我们的问题。

山本耀司说,"自己"这个东西是看不见的,撞上一些别的什么东西,反弹回来,才会了解"自己"。在这个世界上,很多人都认为自己是掌握真相的少数人,认为自己不是普通人。其实,环境不同,认知到的世界就不同,每个人都有自己的视角,都存在自己的认知偏差。

我们要学会把他人当镜子，以谦虚低调的心态向他人学习，特别是向那些优秀的成功人士学习，打破自己的认知闭环，从而形成更高阶的逻辑自洽，我们才能在正确的轨道上极速成长。

（2）不要让自己成为"天花板"。提高认知能力的关键，就是不要自我设限，一旦设限，就会让自己成为"天花板"，就会迎来我不知道"我不知道"的时刻。

突破不了自我的人，就像井底之蛙，永远看不到认知以外的世界。我们要打开胸襟，接纳外界的信息和事物，改变限制型思维，塑造目标导向型思维。当我们紧盯目标的时候，就是我们的认知边界被一路打破的时候。

（3）不断复盘，不断总结。一年365天，如果我们能做到每周复盘1次，那么我们1年就有52次机会对自己的行为进行校正，就有52次机会让自己在正确的道路上奔跑。

然而，复盘这两个字，成了很多人的形式主义，从知道到做到，从做到到提升，从提升到精进，能做到的人少之又少。我们要记住，复盘的目标是成长，永远不要让形式大于目的。

在复盘的过程中，我们一定要具有系统、长期、开放的心态。任何事物都不是孤立存在的，只有拥有系统的全局思维，我们才能站得更高，看得更远。同时，成功没有速成法，当我们每天都为短期的收获而焦躁不安时，想想长期主义带来的利好和惊喜，我们的坚持就会更有力量了。

尼采说："眼睛即是监狱，目光所及之处就是围墙。"有一天，当你觉得自己的思维很成熟了，就要小心了，这很可能就是你不成熟的表现，你的思维很可能就要僵化了。千万不要让你的存量认知，成为你的成长障碍，只有拆掉思维的"围墙"，你才能极速成长。

【极速小语：当认知贫穷的时候，思想就很难富裕，你今天的生活状态，就体现了你的认知水平。提升认知水平，是解决问题、提高竞争力最好的方法。】

2.12 从平凡走向卓越，一定要用好这两个本子！

人生是一个不断做题的过程，做对了，我们继续前行；做错了，我们可能会摔个跟头，再慢慢爬起来，继续上路。可问题是，我们下次可能还会在同样的地方摔跟头，因为那道题，我们还是不会做。

上学的时候，老师曾经告诉我们：提高分数的关键，在于把那些错题做对。这是多么朴素简单的道理啊！在人生的道路上，只要可以把错题做对，我们就能加速前行了！

为了快速成长，从几年前我就开始在使用一个叫作"纠错本"的工具了。它的效果非常好，要诀就是六个字：分类、记录、回顾。

第一，分类。我们每天遇到事情的类型是不一样的，所以，我们需要对做错的事情进行分类，比如工作、生活、家庭、教育、人际关系、其他等。分类的主要目的是，在我们回顾学习的时候，可以迅速查找到相关内容。

第二，记录。记录主要包括五个关键词：时间、地点、事件、警告、等级。如果我们做错了某件事，我们需要用这五个关键词把整件事串联起来。其中，警告就是明确地告诉我们不能犯错的地方，而等级就是按照该事件的严重性，分别逐级用黄色、红色、紫色来进行标注，从而提醒我们在学习时应该关注的程度。在记录的过程中，我们应主要记录以下三种情况：

（1）因为不小心或者疏忽出现的错误。

（2）因为自己不知道而出现的错误。

（3）他人做错的，对自己有警示作用的事情。

第三，回顾。回顾是一个非常重要的环节，是我们进行复盘和学习的重要手段。如果不及时唤醒记忆，随着时间的推移，过往发生的错误可能会再次发生。

回顾可以是不定期的，也可以按照一定周期进行，但最好不要超过一个月，因为随着纠错本内容的累积，回顾效果会出现递减的情况。同时，我们对那些已经烂熟于心，并且完全掌握的纠错题目，可以进行定期整理及特别标注，这样我们在下次回顾的时候，就可以将其忽略或者一扫而过了。

纠错本是我们提升成长速度的重要工具，也是我们成为人生做题高手的重要途径。想要成长得更快更好，一定要为自己准备好这个本子。

我的两个朋友小A和小Z是同班同学。大学毕业后，小Z去了外地打拼，而小A留在了本地工作。

2年后，小Z荣升公司经理，买了第一套房，而小A还是公司的普通职员；3年后，小Z晋升营销总监，而小A仅仅是公司的一个小主管；5年后，小Z成为公司副总，买了第二套房，而小A还在东拼西凑地筹集第一套房的首付款……

小A实在忍不住了，趁同学聚会的机会，向小Z取经。原来，小Z的成长秘诀就是：要事本。小A一听，恍然大悟。要事第一这个浅显的道理，他也懂啊。

是的，大家都知道"二八定律"，可真正做到的人又有多少呢？每个人的时间和精力都是有限的，如果你总是试图同时做好每一件事，你可能每一件事都做不好，还不如重点突破，把80%的精力花在能产出关键效益的地方，那里往往也是诞生奇迹的地方。

时间很珍贵，但更稀缺的是注意力，注意力＞时间＞金钱。我们的努力没有成效，绝大多数原因都是我们把注意力放错了位置。我们的注意力在哪里，时间便消耗在哪里，而要事本正是管理注意力的重要工具。小Z使用要事本的具体步骤是：

（1）根据时间周期，一般以年为单位，列出一年中最关键的事情，特别是那些重要但不紧急的事情。

（2）把这些事情按照特征和属性进行详细分解，并合理地分配到每个月、每一天。

（3）遵循要事第一的原则，每天必须集中80%以上的精力去完成这些事情，做到日事日毕，绝不拖延。

（4）一旦与第3条出现冲突，马上停下来，立刻反省，认真检讨，迅速重回既定轨道。

（5）每天晚上对当天的工作进行检查，认真复盘、总结，并做好计划，确保第二天的工作得以顺利进行。

要事本最大的作用在于，每天提醒我们要把最多的精力用于最重要的事情上。只有这样我们才能产生最关键的力量，才能不断向目标迈进。如果没有要事本，我们很可能在不知不觉中就眉毛胡子一把抓，丧失了最核心的战斗力。

在需要极速奔跑的人生赛道上，我们既要效率，也要效果。那些拥有纠错本和要事本的人，总能爆发出惊人的能量。请用好人生最重要的两个本子，让我们一起从平凡走向卓越！

【极速小语：成长没有大道理，做正确的事胜于万千努力。知错则改，要事第一，是人生成长的极简法则。】

2.13 惊天行动力：解决你达不成目标的痛点

目标为什么达不成？目标主要分为两种：一种是不可能达成的目标；另一种是本可以达成，却没有达成的目标。

第一种情况，目标设置得太高，这是对目标难度低估、对个人能力高估出现的偏差；第二种情况，能力没问题，但是执行有问题，导致目标最终没有达成。

下面，我为大家带来了"使命必达五板斧"，专门解决达不成目标的难题。请保持专注，我们一起来通关。

使命必达第一板斧：制定合理的目标。怎样才算合理的目标？这里我们要了解一个"能力范围"的概念。所谓能力范围，是指我们十分熟悉、擅长精通，并且能够轻松实现目标的能力区域。能力范围越大，可展示的舞台越宽广。

所以，在制定目标的时候，我们一定要清楚，这个目标是否在我的能力范围之内，会不会出现力所不及的情况。一个人，明白自己能做什么很重要，但明白自己什么不能做，更重要。

从另外一个角度来看，如果我们的能力范围在 1~10，那我们的目标最好在 13~14，我们小跳一下，也可以够得着，这样的目标才具有挑战意义。

制定目标有三点非常重要：

（1）对目标要非常了解。对目标越了解，制定和执行的偏差就越小。

（2）关注头号目标。目标最好只有1~2个，如果我们将目标定得太多、太散且关联性不强，我们肯定没那么多时间和精力去达成。始终关注头号目标，才会有持续的专注力。

（3）建立监督机制。制定目标后，如果可行，我们一定要找一个见证人，并设立监督机制。这个人最好是我们非常尊重或者非常在意的人，这样他才能对我们产生巨大的激励作用，有助于我们建立持续有效的行动力。

使命必达第二板斧：设计好可执行的策略。我们分两个方面来分析。一方面，要善于分解目标。我们要将大目标分解成小目标，将小目标分解到我们今天要做什么。比如，我们计划今年要开发500个客户，平均每个月要开发42个客户，每天要开发1.4个客户，按照20%的成功率，每天应该有7个准客户，我们应该用什么方法去获得这7个准客户呢？

另一方面，分析障碍，找到最优的策略。如果开发500个客户有3个方法，那我们就要进一步做深度的剖析：3个方法分别有什么优势，有什么障碍？付出同样的时间和精力，哪种方法最优？如果成本不高，是不是需要分别测试一下？

当我们确定好方法后，一定要仔细研究该方法存在的问题，并针对问题制定出详细的解决办法。需要注意的是，如果有条件，可以向行业内的牛人请教，以便少走弯路，直奔目的地。请记住：天下万物，虽不为我所有，但为我所用，是极速成长最重要的思想之一。

使命必达第三板斧：全力以赴地执行。执行中最大的难题就是拖延，只有解决了拖延问题，才能执行到位。在此分享3个有效的方法：

（1）拆分任务，从最简单的开始做，并运用5分钟法则。一旦事情复杂艰巨，我们就很容易出现拖延行为。我们可以将目标拆分成一个个小任务，每次只做一点点，并且从最容易做的地方开始，逐步建立信心和习惯。

当我们很难进入状态时，可以试着先工作5分钟。这5分钟就是一个小目标，更容易坚持和完成。当我们完成后，可以试着再工作5分钟。如此循序渐进，我们很快就会进入一个良好的状态。

（2）设置截止时间。通常，我们在临近截止日前一天的效率是最高的，因此，我们可以给自己施加压力，即给每一项任务设置截止日期。

不仅如此，为了给截止日期让路，我们还得有一份停办清单。所有对目标有影响、与目标关联性不大的项目，我们都必须停掉，把它们统统放在停办清单中，从而让我们有更多的精力去完成主要任务。

这还不够，我们还必须给自己制定好相应的奖励和惩罚规则。个人建议，惩罚的代价可以大一些，因为逃避惩罚的痛苦是人的天性，我们可以巧妙地利用这一点。

（3）3分钟自我批判法。在任务进行过程中，一旦出现拖延或负面情绪，我们应该让自己的情绪先缓和下来，然后找个独立空间展开3分钟的自我批判，主要内容是：对自己一切非理性的信念和情绪进行批评和教育，让自己认识到拖延的严重危害，转变思想，建立积极乐观的心态，并马上采取行动。

使命必达第四板斧：建立反馈机制。知道了自己要去哪里，还得知道自己目前在哪里。建立一套反馈机制，我们就可以清晰地了解自己在行进过程中的具体位置。

没有反馈，我们就像走在一片无边无际的沙漠里，容易迷路、失去方向。反馈往往是行动的开始，我们可以把具体行为产生的结果数据化、视觉化、直观化、进度化，从而发现问题、解决问题，这是实现目标非常关键的一环。

使命必达第五板斧：调整与实现。反馈机制为我们及时调整提供了重要的参考依据，调整就是我们要从 A 点走到 B 点，可现在却偏离了目标，通过优化方案、调整方向，我们要重新回到既定的轨道上。这一过程需要重复做、反复做，直到目标实现为止。

当目标实现后，我们就完成了一个从制定目标到达成目标的全过程。我们在进行复盘和总结后,可以把这一过程中用到的工具和方法模块化,下次直接套用。这就是我们形成的方法论。

【极速小语:达成目标很重要,但达成目标的方法更重要。很少有完成不了的任务,重点是你采用了什么方法。同时,越艰巨的目标对你越有利,别人知难而退,你却迎难而上,一旦达成,你将得到别人得不到的奖赏。】

| 第 3 章 |

成长聚焦——
精准成长需要重点关注的那些事

3.1 奇怪！大家都不知道你是干吗的

假如有两瓶饮料，一瓶的品牌名气大，一瓶名不见经传，你会买哪瓶呢？

你需要的是可信赖、安全感，所以，你大概率会选择著名品牌，哪怕价格高一点点也无所谓，这就是品牌的力量。

现在，有两瓶名牌饮料摆在你面前，一瓶是某碳酸饮料，一瓶是某茶叶饮料，热爱健康的你，会怎么选择呢？

毫无疑问，你会选择后者，因为茶饮更健康，这就是产品的定位。

我们日常在购买其他产品时，考虑的主要因素也是品牌和定位，因为它解决了"我是谁，我是干吗的"的问题。

既然产品都有品牌和定位，如果人没有，那就尴尬了，因为大家都不知道你是谁，你是干吗的。在大家眼里，你就是"一个模糊的人"，你没有在他人眼中形成鲜明的记忆符号。

我有一个朋友叫小Q，2021年我见了他三次，每次谈到工作的时候，他都让我感到挺惊讶的。第一次，他说在做保险业务；第二次，他说在做房地产销售；第三次，他说在做茶叶运营。

我心里不禁要问，你究竟是干什么的呢？通过这件事，我对小Q有了一些看法：

（1）他的业务范围太广，样样都会，可能样样都不精通。

（2）他一定不够专业，买保险、买房、买茶叶，我都不会找他。

（3）一年换三次工作，稳定性太差。他太急躁了，我或许应该给他贴上一个"不太可靠"的标签。

个人标签就是个人IP，显著的个人标签可以加深他人对我们的印象，减少交流成本，也会给我们增加无形的社交筹码。

360安全网络创始人周鸿祎给我的印象极为深刻。他每次出席活动的时候，都会穿着一件红色的上衣，刚好和他的名字进行了呼应，从而进一步加深了他的个人品牌形象。

名人如此，我们普通人更要打造自己的个人标签。一些品牌为什么翻来覆去地打广告呢？它只有一个目的，就是要告诉你我是谁，我能帮你干什么。只有这样，你在下次有需要的时候，才会去找它。

如果你要打造个人品牌，让自己不断增值，就不要做"模糊人"，更不要做"神秘人"。打造个人标签需要怎么做呢？

（1）找到自己最擅长的事情。你可能会做很多事情，但不一定每件事都很擅长，找到最擅长的事来做，你就选出了一个最好的自己。

比如，你计划以后参加职业选手赛，游泳、跑步、拳击，你都有一定的天赋，但只有选出最擅长的，你才能发挥最大的价值。

（2）将最擅长的事情专业化。选出最擅长的，只代表你找到了最优的自己，这是你在跟自己比。将最擅长的事情专业化，你可能会超越80%以上的非专业人士，这是你在跟别人比。

更严格地说，简单的专业化还远远不够。以做保险为例，如果你什么保险都做，你其实并没有什么竞争力，因为可能有很多人在和你竞争。如果你进一步专业化，比如只做1~10岁孩子的保险，你就有差异化了。表面上看，你的市场变小了，但是竞争的人变少了，人群更加精准了，市场反而更大了。所以，我们做个人定位，就是要找到细分领域里最强大的自己。

同时，我们还要细化两件事：人设和记忆符号。人设就是人物设定，也叫作定位，就是别人一想到你，就想到了什么，或者一想到什么，就想到了你。

优秀的定位＝差异点＋价值展现＋信任背书。差异点就是你与众不同的地方，这是加强记忆、做好区隔的关键点；价值展现是你能提供什么价值，也就是可以用于变现的东西；信任背书是凭什么我要相信你，你有什么证据。

比如，"13年儿童保险金牌顾问"就是一个合格的人设。它精准、清晰、优势突出：差异点是儿童保险，价值展现是提供儿童保险知识，信任背书是13年的丰富经验和金牌服务。

还记得某主播的那句"oh, my god"吗？还记得某保健品的"今年过年不收礼，收礼只收……"吗？别人听到、看到、想到某个场景，就主动联想到他，这就是记忆符号。你需要结合自己的特点进行深度挖掘、确定、固定，再进行扩散。

（3）最大限度地传播。当你有明确的标签和专业竞争力后，你就需要大力宣传自己了。比如，你微信上体现专业形象的头像，你的一句话标签，你每天的朋友圈分享，你的微信公众号、QQ、微博、短视频、知乎、小红书、知识付费平台……

你可以根据平台调性，按照统一的风格，制定好策略，坚持价值输出，持续有效地进行宣传，从而打造自己的个人品牌。

现代管理学之父彼得·德鲁克说："每个人都是自己的CEO。"在人生的竞技场上，找到自己最独特的优势，打造最强大的自我，为自己贴上最鲜明的标签，亮出自己最锋利的宝剑，让别人看看你是谁！

【极速小语：我们不仅要清晰地知道自己是干什么的，还要让别人知道我们是干什么的。更重要的是，我们要让别人知道我们干这件事有多牛。】

3.2 还在找风口？你自己才是最大的风口

某知名企业家说："站在风口上，猪也能飞起来。"

这句话观点犀利、幽默风趣，被奉为经典，一时之间成为大家热议的话题。它主要表达了三个层面的意思：

（1）企业家以猪为喻，表达了低调谦逊的态度。他曾经表示："如果我们有当猪的心态，就不会输掉市场。"

（2）强调风口的作用。风口就是高速发展领域，只要站在风口上，别说猪，牛都能飞起来。这告诉了我们一个质朴的道理：顺势而为。

（3）飞起来。什么动物才能飞起来呢？至少得有翅膀吧。猪有翅膀吗？肯定没有。那咋办呢？所以，后来又有企业家说："风来了，猪都能飞，但是风过去了，摔死的还是猪。"

既然站在风口上，猪都能飞起来，那成功就变得很简单了——只要找到风口就行了。于是，很多人开始满世界地找风口，但是人太多了，要么被挤死了，要么被摔死了，真飞起来的没几个。

好好的风口，为什么会挤死、摔死很多人呢？举个例子，大家发现对面有一座金矿，一群人蜂拥而至，有的人拿着铁锹，有的人扛着锄头，而有的人则带着精密的仪器和先进的设备，组建了一个庞大的开采团队，浩浩荡荡地向金矿进发了——他们就是经验丰富的采矿专家。

一段时间过去了，那些拿铁锹、扛锄头的人一块金子都没有挖到，他们有的累死了，有的饿死了。而那些经验丰富的采矿专家，很快就挖到了大量的金子，他们个个都赚得盆满钵满。

在同一个风口上，为什么出现了俨然不同的结局呢？因为只有长了"翅膀"的猪，才能凭借风力，真正地飞起来。那些经验丰富的采矿专家，就是有翅膀的"飞猪"。

那翅膀是什么呢？翅膀就是抓住风的能力。那些采矿专家丰富的经验和专业的技能，就是他们的翅膀。

80年代下海，90年代炒股，00年代炒房……时代的风口一个又一个，真正抓住风的有多少人？他们又是谁呢？能抓住风的永远都是有能力、有准备，能在风口飞起来的极少数人。

微博兴起的时候，诞生了无数的"大V"，你没有抓住机会，太可惜了！微信刚刚崛起的时候，做微商很赚钱，结果你错过了，真遗憾！大家还没有回过神来，短视频的风又席卷而来，糟了，你还没有准备好呢，好像红利期又没了，你该咋办呢？！

这可真奇怪，别人总能抓住风，为什么偏偏就你不能呢？是你运气不好吗？就算运气不好，不是说只要站在风口上，猪也能飞起来吗？这到底是啥情况呀？

总有人说："唉，这个红利期过了，现在做没有多大优势了！"真的是这样吗？我们拿短视频来说吧。当风来临时，平台为了扶持用户，前期会分配一些流量，吸引粉丝也特别容易，可随着竞争加剧，大家都要凭真本事吸引流量了，你一下子就不行了，你抱怨道："唉，红利怎么这么快就没有了？！"

这是你的问题，还是红利的问题呢？今天仍然有很多崛起的用户，也没见红利不在了啊？你可能还没有明白，并不是红利消失了，而是你的优势一直不在线上啊！

没错，那些抓住风的人中也有靠运气的，但毕竟只是偶然。新东方公司创始人俞敏洪说：运气不可能持续一辈子，能帮助你持续一辈子的东西，只有你个人的能力。

哲学早就告诉我们：事物的变化与发展都是内因与外因共同作用的结果，外因是发展变化的条件，内因才是发展变化的根本，外因通过内因起作用，内因才是关键。

我们做任何事业，如果一味地强调风口的作用，就忽视了内因，违背了客观规律，注定是会失败的。世上从来没有简简单单的成功，只有扎扎实实的努力。无论从事哪个行业，只有持续地专注与钻研，才能慢慢积累自己的优势，从而稳稳地站在属于自己的那一个风口上。

维珍集团创始人理查德·布兰森说："我就是风口。"那么，我们如何才能成为自己的风口呢？

【极速小语：不要盲目追逐风口，而要执着于修炼自己的内功。经营好自己，你就是最大的风口。】

3.3　聚焦吧，成为一道威力无比的激光

如果万事俱备，只欠东风，你只需要等风来就可以了。

那些等风来的人，都是准备很充分，随时可以迎接战斗的人。可问题是，大家都想赢，你凭什么胜出呢？

这是对个人能力的终极拷问，是你需要反复问自己的问题。而"别人总有地方比你强"，就是对"凭什么"的终极回答。

找到那些你可能比别人强的地方，不断放大它、强化它，让它成为你的撒手锏，你就有可能胜出。然而，你怎样才能找到比别人强的地方呢？这里有三个关键词：

（1）优势。你有什么明显的优势？你在哪些方面比别人强？你是否有引以为傲的地方？这些都是需要你用心发掘的东西。

（2）兴趣。想想你对什么最感兴趣，你对什么特别在意，哪些事情总能唤醒你细胞的活力。试着和它们靠得更近一些，看能不能碰出动人的火花。

（3）潜能。除优势和兴趣外，再看看那些你还没有发现的东西，那些你认为不可能的事情，以开放的心态，去发现和接纳更多的可能性，不断去寻找最好的自己。

当找到这些强大的因子后，你就需要给自己找一个支点，这个支点就是

某个行业的垂直细分领域。它最好是可以放大你优势的行业，比如大家都在卖羊奶粉，你可以卖专供 3~10 岁儿童喝的羊奶粉；大家都在卖衬衣，你可以卖 30~40 岁年龄区间的男士衬衣。然后，你就需要完成最关键的一步：投入压倒性的时间。

时间本不是竞争力，但我们一旦聚焦，并投入数倍于竞争对手的时间后，它就能帮我们从一道道散光，变成一道威力无比的激光！激光可以洞穿所有的阻碍，发挥巨大的作用，并收获日积月累的复利，成为我们人生中最厉害的武器之一。

聚焦并投入压倒性的时间是帮助我们成为一道激光的核心关键。从表面上看，它是时间的付出；实际上，它是我们做事的态度和决心。10 000 小时定律大家都知道吧？在一个领域，投入 100 小时、1000 小时、10 000 小时，其效果是完全不一样的。我们投入的时间越多，了解得就越透彻，掌握的就越多，比别人就越有成就。

大多数成功的人，并非天赋异禀，而是通过大量持续的努力，不断精进，不断加固自己的优势，从而获得了时间的奖赏。10 000 小时的锤炼和沉淀，是一个人从平凡到非凡的必要条件。

当然，10 000 小时是否有用，取决于这是否是一个持续向上的过程，单单是时间的累加、低水平的重复是没有任何意义的。任何没有从量变到质变的努力都是对时间的亵渎。

我们简单计算一下。如果要成为某领域的专家，刚好需要 10 000 小时的投入，以每天工作 8 小时、每周工作 5 天为标准，这个过程大约需要 5 年的时间。当然，你也可以投入更多的时间，每天工作 12 小时，每周工作 6 天，那也需要接近 3 年的时间。

如果你还在苦恼为什么自己没有竞争力，对比一下自己投入的时间就应该知道答案了。所有的竞争，到最后，都成了在时间投入上的竞争。

知识付费火了，得到 App 的创始人罗振宇也火了。很多人说他运气太好了，一下子就站到了风口上。罗振宇曾经在启发俱乐部讲过一句话，大概意思是,《罗辑思维》录了 10 年,谁有能耐也想干这事,先干 10 年再说。

  10 年是什么概念?如果你现在 30 岁,你得干到 40 岁。罗振宇没有绝招,他就是这样走过来的。这 10 年时间,足以让大多数人望而却步。

  在生活中,我们往往会高估 1 年的变化,也往往会低估 10 年的变化。专注于一个细分领域,持续有效地投入压倒性的时间,像激光一样聚焦在一个点上,其力量将不可估量。

  很多人都梦想着自己有一天能够光芒万丈,但是,你首先得成为一道激光,让自己拥有不可阻挡的力量。然而,令人遗憾的是,很多人在走向光辉岁月的道路上,却做了一些极其糟糕的事情……

【极速小语:成功的道理人尽皆知,成功的道路却并不拥挤。时间不是我们的优势,但是,全力以赴地投入压倒性的时间,就成了我们的优势。】

3.4　四个方法，把优势发挥到极致

在成长的道路上，发现自己的优势，是极速成长的第一步，而最有效的努力，莫过于将自己的优势发挥到极致。

创业10余年，我从事了大大小小10多个行业。不可否认，我肯定是一个很努力的人，但我的收获并不理想，因为我并没有最大化地发挥自己的优势。相反，我还做了一些非常糟糕的事：我是一个追求完美的人，总是试着去弥补自己的缺陷。

比如说，我不善于闲聊，所以我总爱找机会和别人聊天，从而避免自己出现不合群的尴尬；我的普通话不太标准，所以我总是花大把的时间去练习；我还不会游泳，练了好多次还是不会……

每个人都有一些缺陷，弥补缺陷是一个迎合和纠正的过程，也是让一个人的自信心备受煎熬的过程。而尽情地发挥个人优势，则可以让人如沐春风，信心倍增。

后来，我慢慢发现：只要不是影响我们发展的缺点，就不会阻碍我们的成长；改正那些无关痛痒的缺点，对目标的实现毫无裨益；那些不断弥补缺陷的努力，反而是在白白浪费我们宝贵的时间。

那么，是不是我们只要关注自己的优点、忽略自己的缺点就可以了呢？

当然不是。我们可以把缺点分为两类：一般性缺点和致命性缺点。对于一般性缺点，只要它对我们的目标没有影响，我们是可以暂时不予理睬的，等有了充裕的时间，我们再进行纠正；对于致命性缺点，我们应该制订行动计划，尽早纠正，以免影响目标的达成。

同时，对于缺点，我们要有科学的认知：首先，世界上没有完美的人，我们要允许自己存在一些无关紧要的小瑕疵；其次，把短板补上的"木桶理论"也有不适用的时候，我们应该关注自己的长板，并拿自己的长板和其他同样高度的木板组成一个桶，这样才能装更多的水。

华为创始人任正非曾提出一个重要的观点："不要追求做一个完人，做完人很痛苦。要充分发挥自己的优点，使自己充满信心地去做一个有益于社会的人。"所以，他在内部讲话中提出了"在主航道上坚持针尖战略"的要求，就是在自己的领域集中优势兵力，饱和攻击，实现突破。

无论是对个人，还是对企业，任正非的要求都是要把优势发挥到极致，以实现最高效能。一个人只有把自己的优势发挥得淋漓尽致，把自己的长板做得越来越长，才能让自己的价值最大化。

无独有偶，某科技公司的创始人也谈到了自己的长板理论："一个人只能找合作伙伴来补自己的短板，如果自己补自己的短板，肯定是死路一条。我们之所以能够融资10亿元，并不是因为完美和平衡，而是因为长板特别长。"

一个人的时间、精力、注意力、意志力都是有限的，必须有所不为，才能有所为。当今社会，我们只有把优势资源进行优化配置，分工合作，才能创造出丰硕的成果，才能走得更远。

在竞争激烈的社会，不能获得胜利的优势，是没有竞争力的优势，我们必须将优势转化为胜势，突出重围，取得胜利，才能获得高质量的发展。如何才能把我们的优势发挥到极致呢？非常简单，利用加减乘除法就可以了。

第一，加法：增加使用优势的频率。如果你使用优势的频率很低，就相当于没有优势。如果你运用自己的优势占到了50%以上的工作时间，那么恭喜你，你正在加速成长。如果只用10%或者更少，那就危险了，你应该马上做出调整。

第二，减法：减少或放弃使用劣势的频率。优势在不断地为我们的成长做贡献，而劣势却在不断地做破坏。在工作中，我们要最大限度地减少使用劣势的频率，并与和自己优势互补的人合作，强化自己的势能。

第三，乘法：让优势的价值倍增。让优势呈几何倍数增长的秘诀，就是不断放大优势的影响范围。比如你擅长写作，你可以出书，可以在各大平台不断输出价值；你擅长演讲，你可以到更大的舞台去演讲，从而扩大自己的影响力。

第四，除法：减除干扰，扫除障碍。当我们发挥优势的时候，一定要聚焦、专注，任何间歇性地运用优势都是没有力量的，所以，对干扰我们持续发挥优势的障碍，要坚决予以扫除。

加减乘除法是我们的优势放大器。我们要用优势加速成长，再通过成长来反哺优势，这才是真正的强者思维。把优势发挥到极致，是加速成长的关键。

【极速小语：如果专注于发挥优势，我们就会越来越强大；如果只顾纠正小缺点，我们就会越来越普通。失败可能是我们的缺点所致，但成功一定是因为我们将优势发挥到了极致。】

3.5 专才和通才,你该怎么选?

通才说:"我上知天文,下晓地理,琴棋书画无一不精。我就是地球上最靓的仔。"专才说:"我孤陋寡闻,学识浅薄,只是一个医术精湛的专科医生。我专治精神失常,喜欢说梦话的人。"

专才和通才都是上帝的宠儿,但他们为了争宠,偶尔也会发生口角。有人问,他们到底谁更厉害呢?

由于受技能水平、岗位、领域、环境、未来发展等变量的影响,结果有很大的变数,所以,这个问题没有标准答案。

在现实生活中,我们常常会遇到类似的问题:

给孩子报一个兴趣班好,还是多报几个好?

我应该主攻英语,还是法语、俄语一起学?

我应该研究线上营销,还是线上线下一起进行?

回答这类问题,一般会有两个主力派别:一派认为,一个人的时间精力有限,应该专注于某个特长的打造,只有专才才有竞争力;另一派认为,社会发展日新月异,单一的技能很难适应未来发展的需求,只有通才才有安身立命的保障。

那么问题来了,到底应该听谁的呢?两派之争,各有各的道理,但都没有实际操作上的指导意义,原因在于双方看问题的分辨率太低了。

什么叫分辨率太低?比如,有些人认为,这个世界非黑即白,道路非左即右,事情非对即错。他们看待事物流于表面,不求甚解,过于"粗线条",缺乏仔细分析的态度。

如果我们提高看问题的分辨率,情况就大不一样了。比如,这个问题表面上只有两种结果,但我们可以从 5 个方面来进行深度分析,它具有 8 种以上的变化可能性,有 10 个因素会影响它的发展,其中 3 个是人为不可控的……

这本来就是一个千变万化的世界,它并没有我们想得那么简单。因为惰性,我们人为地把它简化了。那么,到底专才好还是通才好呢?我们需要提高分辨率来看。下面这些建议可以供你参考:

(1)如果你有非常明显的专业天赋,建议你先把自己打造成一道激光。当你具备专业竞争优势后,可以结合自身需要,再发展一些周边技能。毕竟技多不压身,这个世界永远喜欢更强大的人。

(2)如果你还没有发现自己的专业天赋,建议你"晚一步专业化"。你可以培养自己更多的兴趣和技能,并仔细观察和分析,在认真筛选比较后,再聚焦发力,走出一条自己的特色之路。

(3)每个人的背景和资源是不一样的,个人发展更没有统一的版本,提高看待事物的分辨率,因地制宜、因材发展永远都经得起时间的检验。以积极开放的态度,做好充分的准备,才能拥抱更美好的世界。

在很长一段时间里,我也不知道自己的特长是什么。因为太普通,我只好在工作中多努力一点、多用心一点,才能让自己看上去不那么笨。

我习惯做学习笔记,从而锻炼了自己的写作水平;我经常分析商业文章,慢慢就有了一定的策划水平;我经常做销售活动,于是我拥有了一定的组织能力;由于常常举办会议,我不得不加强自己的演讲水平……

今天看来,这些能力相互促进、相互作用,都在悄悄地助我成长。成为专才还是通才?不,我只想让自己变得更好,因为只有让自己变得更好,我才能更好地适应这个社会。

高水平的专业化，权威可靠，令人信赖；低水平的专业化，一叶障目，难有建树。一专多长，处处出彩；多而不精，寸步难行。人生的高度，本质上是水平高低的较量。

只有专业领域里的精英人物，才有"会当凌绝顶，一览众山小"的豪迈；只有在多领域融会贯通的英雄豪杰，才能突破自我、打破边界，成就颠覆世界的传奇。

【极速小语：或许，社会要的不是专才，也不是通才，而是赢才——一个真正能解决问题、赢得胜利的人才。只有赢才，才是社会最稀缺的资源。】

3.6　当心！坚持可能让你得不偿失

南辕北辙是一个引人深思的典故，很多人却把它当成了笑话。最后它成了一些人的故事，并引发了一些事故。

有一次出差，合作公司派一位司机来接我，由于走错了一个岔路口，我提醒司机多注意一下路口，避免走冤枉路。没想到司机说："放心，这一带我很熟悉，不用导航都能开到目的地。"

他还真没有用导航。在他的执着坚持和丰富经验的指引下，我们又走错几条路，最终多开了30多分钟的路程才到达目的地。这位司机很幽默，居然还一本正经地说："条条大道通罗马，地球都是圆的，你看我们不是到了吗？"

万万没想到，他竟然是合作公司的一位副总。通过这件小事，我预测这家公司最多再存活3年。结果，我高估了它。不到2年，它就倒闭了，真是可惜啊。

如果方向错误，停下来就是进步，而错误的坚持，只会让我们越走越远。有这样一句名言：成功者永不放弃，放弃者永不成功。这句话是正确的吗？

坚持到底、永不放弃，就一定成功吗？如果方向和方法出现了错误呢？

任何语言都有相应的语境，当路线与目标产生了严重的偏差，我们或许应该说，成功者懂得放弃，放弃者重获新生。

举个例子，小 A 准备挖一口井。通常来说，挖 10 米就可以出水，可是他挖了 20 米还没有出水。请问，他应该继续挖吗？

坚持，前景是迷茫的；放弃，内心是不甘的。我们假设再挖 10 米，也就是挖到 30 米的时候，肯定是有水的，而小 A 并不知道，那么会出现什么情况呢？

第一种情况，世上无难事，只怕有心人。小 A 继续坚持，可他在挖到 29 米的时候，终于熬不住了。他放弃了。

第二种情况，成功者永不放弃，苍天不负有心人。小 A 坚持到底，继续挖了 10 米，终于出水了。他喜极而泣。

成功的小 A 获得了大家的赞赏，成了大家心中的偶像；放弃的小 A 成了反面教材，谁让他半途而废的。我们就这样下结论了吗？不，生活可没这么简单。

也许还有第三种情况：小 A 思考良久，重新察看了周边的地形，并请来颇有经验的专家进行分析；最后，他另外找了一块地方，仅仅挖了 6 米，井水就涌出来了！

由于小 A 的放弃，他才迅速达成了目标，这为他节省了人力成本，减少了机会成本，节约了大量时间，这才是一个完美的结局。

挖井事小，以小见大，如果这是一件关系到你命运发展的大事呢？这世间的一切都需要计算成本，当我们微弱的优势和不确定的希望不值我们付出的成本时，我们还应该苦苦地坚持吗？那么，什么样的事才值得坚持呢？这里有三个核心标准：

（1）方向正确。只有方向正确，我们的努力才不会浪费。无论经历什么挫折，只要我们心中有希望，脚下有力量，就能抵达目的地。

（2）价值合理。有价值的目标，才值得我们去追求，否则没有任何意义。同时，合理的价值回报，是我们衡量付出成本最重要的尺度。无论我们定位的是短期价值，还是长期价值，只有获得合理的价值预期，我们才有坚持的必要。

（3）能力匹配。有能力，才有底气，我们所有的坚持，都是源于对能力的自信。这里的能力，不仅包括我们的思维能力、策略水平、执行能力，还包括我们拥有的资源和强大的心力等。只有坚持做能力范围内的事，我们才能享受到能力范围内的果实。

所以，当我们遭遇挫折时，是否应该坚持，需要根据具体情况来进行判断。提高看待事物的分辨率，是我们分析解决问题的关键。

对于坚持，最常见的一种心态是：我投入了大量的人力、物力和财力，付出了大量的心血，如果现在放弃的话，一切都将化为乌有；如果再坚持一下，说不定就成了……

当心，这可能是很多人失败的真正原因！如果你只执着于坚持，而忘记了风险，那么你可能正在给自己挖坑。你越坚持，挖的坑就越大。俗话说，留得青山在，不怕没柴烧。只有保存实力，才能东山再起。这个时候，放弃，就成了一种非凡的能力。

我在2018年投资了一个大学生创业项目。创始人非常优秀，项目也十分具有潜力。前期工作一切顺利，可后面逐渐出现开发难、变现慢、资金短缺等情况。此时，为了不让前期的投入付诸东流，我并没有深入分析项目的各种问题，而是坚持陆续投入。当我真正意识到风险的时候，已经太晚了。

过于坚持的人，难免会遭遇过度自信带来的灾难。他们总认为自己有更强的能力和更聪明的方法去解决问题。结果是，他们往往在更艰难的道路上疲于奔命。查理·芒格告诉我们：坚持不做傻事，而不是努力变得非常聪明的人，长期下来，必将获得非凡的优势。

【极速小语：有时候，坚持只是一种精神，而放弃，则是一种智慧。人生最大的遗憾，莫过于坚持了不该坚持的，放弃了不该放弃的。】

3.7 如何利用你的经验成为超级富翁？

有一次，我的笔记本电脑坏了，拿去电脑城维修。师傅简单看了一下，说修好需要 300 元，我看不贵，便爽快地答应了。

师傅把电脑拆开后，在某个地方塞了一小块硬纸片，然后把电脑装上，再开机，前前后后只用了不到 10 分钟的时间。天啊，我的电脑竟然奇迹般地复活了！我大跌眼镜，惊讶地问师傅："修好了？"

"是的，修好了！"师傅笑着对我说道。"可是我明明看你只塞了一小块硬纸片进去啊，这也太简单了吧？"我的言外之意是，你这个毫无技术含量的操作，收我 300 元钱分明有点贵了。

师傅好像看出了我的心思，喃喃地说道："没办法，这就是经验啊！"经验？我恍然大悟，立马付了钱，并向他投去赞许的目光。

是的，这就是经验的价值。即使你给我 3000 元，我也修不好电脑，而师傅不费吹灰之力就搞定了。看似轻松的背后，其实是师傅长年累月的技术沉淀，以及在千百次实践中提炼出来的宝贵经验。

这是我第一次深刻地认识到经验的价值，它加强了我对经验的管理意识。从此，我更加重视自身经验的累积和沉淀。慢慢地，我发现自己变得越来越富有了。

经历前两次创业失败后，我在进行创业项目的选择时，都会利用一套筛选工具对项目进行周密细致的分析，当满意值在 80 分以上时，我才会继续推进。这套筛选工具帮我过滤了很多不合格的项目，为我至少挣到了价值 100 万元的经验。

说真的，我应该算是一个无趣的人，因为吃饭、睡觉、工作、学习这四件事占据了我 95% 以上的时间，其中又以工作和学习为主。其实，我也想多培养一些爱好，比如看电影、环球旅游、参加一些运动，做一个快乐的果农……

不过，我又深深地明白一个道理：现在不吃苦，以后就会加倍受苦。所以，我不得不把这些爱好暂时放下。在成长的过程中，我总是愿意付出额外的努力去进行工作和学习，这是我迄今为止养成的最重要的习惯之一，因为它总是为我带来意外的惊喜。这个习惯又帮我挣到了价值 100 万元的经验。

在摆地摊的那段艰苦日子里，某天，一位客户不小心多给了我 100 元钱，我在那个集市苦苦转了几圈才找到他。当我说明原因，把钱给他时，他一愣，感到十分吃惊。出乎意料的是，那天，他和他的邻居承包了我下午所有的生意。

通过这件事，我明白，拥有良好的职业道德是多么重要的一件事。无论是小钱还是大钱，在任何时候，我们一定要过"金钱关"，不要去占任何人一分钱的便宜。于是，我慢慢积累了口碑，这为我日后的转折起到了非常关键的作用。这一次，价值 100 万元以上的经验又被我收入囊中。

我们大多数人的智力水平都是差不多的，而经验值却拉开了彼此的差距。经一事，长一智，智力就是我们经验的累积。当我明白这个道理后，我就更加重视自己的每一段经历了。我总是不断地从工作和生活中汲取经验。

如果你想成为一个优秀的人，请记住：你经历的每一件事都很重要。你对每一件事的态度，就是你对生活的态度；你如何处理每一件事，决定了生活如何给你反馈。经验决定细节，细节决定成败。

如果从现在开始，我们把每一次经历都当作学习的机会，随着经验的增长，我们将获得飞速的成长。汽车大王福特曾说，经验是人家抢不走的东西，是世界上最宝贵的东西。

在日化公司做产品销售的时候，我懂得了发动群众的力量，学到了舍得分配利润的经验；在做医药业务的时候，我知道了渠道和人脉的重要性，学到了与人打交道的经验；在做演讲的时候，我学到了充分准备、反复练习、临场应变的经验；在做投资的时候，我知道了如何甄选项目，学到了最大化降低风险的经验……

不仅如此，由于个人的经历和经验始终非常有限，我还从书本上获取他人的经验，向身边的朋友学习经验。成长就是不断给经验做加法，我一刻也没停下来。

有人问我，股神巴菲特先生一顿是不是要吃很多东西？因为他在新闻上看到和巴菲特共进午餐的拍卖价格高达3000多万元。噢，我的天啊，不是他胃口太好，而是他会在共进午餐的过程中，与拍卖者交流投资经验。拍卖者看重巴菲特先生的投资经验，不惜花重金与其共进午餐，这或许是关于经验价值最直白的告示。

失败不是终点，成功只是新的起点。随着创业历程的起起伏伏，到今天为止，我至少获得了价值2000万元以上的经验，这些经验就如同我的银行存款，正在以独特的方式回馈给我。

你拥有多少有价值的经验，就拥有多少令人羡慕的财富。然而，有些经验可能会让我们的财富大厦动摇，甚至坍塌……

【极速小语：经历不是财富，经验才是财富。我们从经历中提炼出的宝贵的经验，就如我们从矿石中提炼出的黄金一样珍贵。】

3.8 小心，你还在用经验伤害自己吗？

世界家居龙头企业瑞典宜家家居公司，在其创始人英瓦尔·坎普拉德先生逝世后，才推出了宜家电商。而这位令人尊敬的老爷子，生前一直都不太愿意接触电商，以他的经验，不断开线下店才是发展的王道。

很明显，宜家家居已经错过了电商发展最火爆的阶段。在众多竞争对手的挤压下，蹒跚来迟的宜家电商，其电商之路并不顺利，昔日的成功经验竟成了绊脚石。

再来看一个案例。一位店长向老板提出增加工资的要求，老板问其原因，店长说："我已经当了8年店长，我8年的丰富经验足以给我涨薪了吧？"老板连连摇头说："不，你不是积累了8年经验，你是一种经验用了8年！"

店长懵了，他本以为自己的经验越用越值钱，没想到反而贬值了。他认为自己在创造价值，老板却认为他在吃老本。是的，因为价值和经验的博弈，老板和店长站在了对立面。

两年前你觉得自己的经验很棒，如果两年后，你觉得这个经验仍然很好用，那证明这两年你几乎没有进步。你所谓的经验，很可能束缚了你的思想，成了你发展道路上最大的障碍。

二战期间，盟军的轰炸机损失惨重，看到一些返回来的飞机机翼上布满了弹孔，司令决定在机翼上增加钢甲，从而保护飞行员的安全，提高轰炸机的战斗力。

这时，一位军事顾问对司令说，机翼虽然有密密麻麻的弹孔，但是飞机飞回来了，因此，这大概率不是机翼的问题；机头和机尾虽然没有中弹，可是一旦中弹，飞机就飞不回来了，这也许才是致命的地方。

司令大惊，立马派人去检查飞机残骸，果然和军事顾问说得一模一样。他差点因为自己的经验，做了一件极其愚蠢的事情。

可是我们之前不是说，经验越丰富，经验价值越高，我们的财富就越多吗？在这里，我们需要对经验做进一步的剖析。其实，我们可以把经验分为两种：封闭式经验和开放式经验。

封闭式经验指的是不受变量影响，可以长期、反复使用，并带来确定性收益的经验。比如，充分的准备、大量的练习永远都是出色演讲的一项重要经验，无论什么时候，这一点都不会改变。

开放式经验指的是受变量影响，随着相关因素的变化，原有的经验逐渐失效，需要不断更新迭代的经验。比如，上文提到的宜家电商、工作 8 年的店长，随着时间的推移和环境的改变，其过往的经验只有不断升级，才能跟上发展的步伐。

对于封闭式经验，我们只要不断累积，并善加运用，就可以带来源源不断的收益；对于开放式经验，我们需要保持空杯心态，突破思维限制，加强学习，以开拓创新的精神，迎接每一次全新的挑战。

很多人养成了一定的习惯后，就不愿意再升级学习了。因为熟练，所以依赖，继而陷入"胜任力陷阱"，慢慢就发展成了"吃老本模式"。一旦经验失灵，就面临着被淘汰的风险。

我们如何才能更好地获得开放式经验呢？

（1）保持开放的心态，积极高效地学习。法国科学家笛卡儿说："越学习，越发现自己的无知。"我们只有以虚怀若谷的态度，打破固有经验优势，认真学习，才能获得更加珍贵的经验。

（2）不定期给开放式经验减肥瘦身，给创新多一些空间。苹果公司创始人乔布斯以"Stay hungry（求知若饥），Stay foolish（虚心若愚）"为准则，让我们看到了苹果公司勇于开拓、不断创新的伟大精神。现实生活中，由于已知信息对我们形成的阻碍远大于未知，所以我们更需要以谦卑的心态，对世界充满渴求和敬畏。

（3）做好三个思维方式的转换。从存量思维到流量思维，这是让思维保持活跃的秘诀；从封闭思维到开放思维，这是让思维保持开放的态度；从固定思维到成长思维，这是让思维发散的不二法则。

世界不是一成不变的，只有打破认知闭环，以开放的心态，保持对新事物全面客观的看法，不断吸收新的知识，从多角度、多维度看待世界，我们才能获得新的经验。

以经验为师，但不要局限于经验。只有打破经验限制，跳出经验的舒适区，通过不断探索、不断尝试，我们以经验累积的财富大厦才会越来越高，我们才能看到更美丽的风景。

【极速小语：经验，是成长，也是限制。我们一边要累积经验，一边要打破桎梏，任何不能创造财富的经验，都需要被重新审视。】

3.9 我不明白，运气真的比努力更重要吗?

马云说，阿里巴巴的成功，靠的是运气，而非勤奋；马化腾说，创业初期，70%靠运气；雷军说，成功85%都靠运气。

运气真的比努力更重要吗？这可能是成功者的自谦，也可能是对自己努力之后的自信。怎么看待这个观点，与每个人的视角有关。下面我们一起来揭开努力与运气的真相。

如果你做的是一些具有确定性的事情，努力就非常重要，比如学习、考试、写书法等。确定性越高，因果关系就越强，你只要加倍努力，就一定会取得好成绩，这与运气没有关系。

相反，如果你正在做一些具有不确定性的事情，运气就起关键作用了，比如打牌、炒股、买彩票等。无论你怎么练习技巧，怎么努力，跟结果的关系都不大，所以，不确定性越高，因果关系越弱，运气就越重要。

当然，也有游离在确定性和不确定性之间的事情，比如乒乓球比赛、体操比赛、足球比赛等。虽然通过不懈的努力，获得一流的运动技能非常重要，但运气有时候会起到决定性作用，毕竟大家都很努力，胜出的只能是极少数人。

假设 A 为确定性世界，B 为不确定性世界，那么 A 和 B 就运行着两套不同的计算法则。在 A 世界，只要我们按照规定的方法去努力，预计的结果往往会如期而至。而在 B 世界，我们通过努力，想得到 C，结果可能是 D 或者 E。我们无法预测结果，因为在 B 世界里，A 世界的计算法则完全无效。

如果掷骰子，你想掷出一个 6 点出来，这种不确定性就很大，只有 1/6 的概率。这个时候，你无论怎么练习都没用，因为这里是 B 世界，靠 A 世界的那一套计算法则完全行不通。你唯一的办法就是掷 6 次，看看自己的运气如何。

我们生活在一个确定性与不确定性交织的世界里，有时候，我们不能单独用努力或者运气来判断一件事。大学毕业后，很多非常优秀的同学表现平平，而一些不怎么优秀的同学却实现了惊人的逆袭。为什么会出现这种情况呢？因为学习、考试在 A 世界，而毕业后大家都到了 B 世界……

如果你顺利地达成了某个目标，你就会认为这是你通过努力完成的；相反，如果任务失败了，你就会说自己的运气不好。可客观事实并不会改变，改变的只是我们主观的计算法则。

生活中，除了事件的确定性与不确定性，还有已知、已知的未知、未知的未知三种认知视野。我们以左方为确定性、右方为不确定性画一条横轴，下方为已知、上方为未知画一条纵轴，可以得到四个区域（见图3-1）。我们如何利用运气和努力，在这些区域里获得最理想的回报呢？

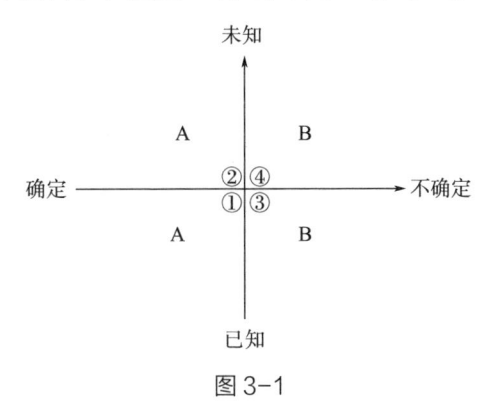

图 3-1

第一个区域，是一个在 A 世界且确定性很高的已知领域。这里是可掌握区域，你只要认真努力，提高自己的技能水平，就能获得理想的成绩。比如，我们刚刚说的学习、考试、写书法等需要刻意练习的技能。

第二个区域，是一个在 A 世界但属于确定性的未知领域。这里你无法完全掌握，相当于你的盲区。比如，你非常羡慕那些销售业绩很高的主播，其背后也有一套确定性的逻辑框架，如产品选择、直播话术、抢单策略等，而这些对你来说，都是确定性的未知领域。对这个领域，你应该摆正自己的心态，然后展开探索，努力把未知变成确定性的知识，就可以得到理想的效果了。

第三个区域，是一个在 B 世界具有不确定性的已知领域。你现在是不是应该听天由命了呢？不，你可以增加不确定性的数量，从而加大确定性的概率，怎么理解呢？比如，你正在做短视频运营，却总是火不起来，怎么办呢？你可以不断增加高质量视频的数量，也可以将其稍加修改发布在不同的视频平台上，增加曝光率。这样，你成功的概率是不是更大呢？因为你把靠运气的不确定性，转换成靠努力的确定性了。

第四个区域，是一个在 B 世界且属于不确定性的未知领域。这里充满了巨大的风险，现在，你终于要把命运交给运气了吗？如果可以避免进入这个领域，则是一个最简单、正确的选择。但如果你是一位勇士，有开拓未知领域的勇气和决心，则可以选择埃里克·莱斯在《精益创业》一书中所使用的策略：小步快跑，快速迭代。只有快速试错、不断调整，你才能在黑暗中逐渐跑出一条光明大道。

有人说，一些人有着不可多得的好运气，而这种运气是别人努力一生都得不到的……那么，具体有什么好方法，让我们可以利用运气，实现人生的逆袭呢？

【极速小语：我们与其研究别人如何在 B 世界靠运气获得成功，不如努力把 B 世界的不确定性，变成 A 世界的确定性，从而让我们乘风破浪，满载而归。】

3.10 如何利用运气，实现人生逆袭?

哇，比尔·盖茨先生的运气真是太好啦!

比尔·盖茨先生的好运气，相当于他连续买彩票中大奖。这真是太神奇了，不相信? 我们一起来看看。

比尔·盖茨出生在 1955 年，刚好在青年时期赶上了个人电脑的第一波浪潮。他所就读的私立高中，是当时全美国唯一一个可以给学生提供免费、能及时看到运算结果的计算机终端的中学。他刚好可以在这里学习编程技术。

当比尔·盖茨退学创业的时候，正好赶上 IBM 公司需要个人电脑操作系统。IBM 本来想从别的公司买操作系统，很遗憾，双方谈了几次都没有成功。

比尔·盖茨的公司准备去收购一个现有的操作系统，叫 QDOS。对方公司的负责人不懂行，居然 5 万美元就卖给了他。比尔·盖茨高兴坏了，他在这个系统的基础上做了 MS-DOS，并顺利和 IBM 达成了合作。世界首富就这样幸运地萌芽了。

在那个年代，肯定有比比尔·盖茨电脑技术更好、实力更雄厚的人，但只有他成了首富，这可能就是运气。

富兰克·奈特说:"决定一个人富有的三个条件,一是出生,二是运气,三是努力,而这三者之中,努力是最微不足道的。"

我们的生活是由一系列随机事件组成的,一个人成功的背后,运气往往占了很大的因素。运气主要有三个特点:

第一,运气可以被放大。一步领先后,可能就会步步领先,所以,如何保持领先优势,赢得先机,是我们需要特别关注的重点。我们应该提前做好功课。

第二,极端的好运气都是多个好运累加起来的。就像比尔·盖茨一样,个人的实力和努力确实非常重要,但这比起他屡中大奖的好运气来说,实在微不足道。

第三,竞争越激烈,运气越重要。进入决赛的运动员,拥有的天赋和付出的努力相差无几,但谁是冠军,可能就要靠运气了。很多企业从红海战役中走出来,决定它们生死的往往是一些偶然的关键因素,很多创始人对此深有感触。

运气既然如此重要,我们是不是要研究一下生肖运势,或者星座运程呢?当然不是,我们有一套更厉害的方法论。

首先,把自己打造成一个能够吸引运气的人。当我们努力学习,让自己具有某种能力,能够帮助别人解决问题的时候,自然会有很多人慕名而来,我们的好运气也就随之而来了。

其次,打开大门,走出去,增加与运气接触的机会。我们要开放自己,让自己充分地与外界接触并发酵,从而获得更好的发展机会。当我们得到外界认可时,好运气就来了。

俗话说,酒香也怕巷子深。当年,茅台酒在巴拿马博览会意外地破罐而出,香气四溢,震惊四座,从而获得了金奖。只有走出深巷,展露才华,增加与外界接触的机会,我们才有机会获得好运。

再次,发展有效人脉,增加好运概率。多参加一些高质量的会议或者活动,争取一些露脸的机会;创造条件,多向行业领袖学习。我们的曝光率越高，人脉质量越高，我们的运气就会越好。这些都是发展有效人脉，增加好运概率的好方法。

而比人脉更重要的，是优质信息的传递，我们接触的人越多，得到的信息就越多，我们就越容易成为幸运儿。

最后，一专多能，多维竞争。除了擅长的专业技能，我们还可以积极发展自己的多维能力，这样当机会来临时，我们才有能力抓住它。比如，你的专长是销售，但是你的策划、管理、演讲能力也很强，你就会拥有更多的机会。

到底是努力重要，还是运气重要？这是很多人都在反复讨论的问题。我们先来看一个公式：成功 = 努力 × 实力 × 运气。

为什么把努力排在第一位呢？因为努力不是充分条件，而是必要条件。要想获得成功，就必须努力。努力是基础，是成功条件的 1，而运气是 0，有了前面这个 1，后面的 0 才能发挥巨大作用。

当我们面对不确定的未来时，应该明白，相对于运气，努力才是我们能够掌控的部分。而对于过去，我们应该感恩运气的眷顾。只有这样，我们才不会对运气产生依赖，从而加倍努力去实现自己的梦想。

我们所有的努力，都是为了不断积累自身的实力；所有的厚积薄发，都是为了迎接更好的运气。当你努力到认为自己是靠运气成功时，你的人生就开始逆袭了。

【极速小语：越努力，越幸运。绝大多数人，不是没有运气，而是没有抓住运气的能力。】

3.11 你努力的极限，只是别人的起点

一个人要努力到什么程度才算真正的努力？

小 A 天天挑灯夜战，但还是没有考上某名牌大学；小 B 起早贪黑，任劳任怨，可 3 年过去了，他还是没有得到上司的重用；小 C 已经是第 4 次创业了，但他的新项目又要面临失败了……

为什么这么努力，还是得不到理想的结果？

很庆幸，我从小就知道自己并不聪明，所以我只好乖乖努力。后来，我惊奇地发现，努力甚至可以使不怎么聪明的人超过很多天资聪颖的人。当我发现这个秘密的时候，我兴奋了好长一段时间。

上初中的时候，同学们说英语很难学，我就每天晚上把当天的课程读 5 遍，抄 5 遍。同学们和老师总是说："哇，你好聪明！"

第一次在上千人的会场上演讲时，我居然一点也不紧张。效果出奇地好，朋友说："哇，你好牛，我们平时怎么都没看出来呢！"因为他不知道，为了这次演讲，我已经对着镜子练了 8 次！

为了做好一次销售活动，晚上睡觉前，我花了整整 2 小时，把内容全部演练了一遍；第二天早上还不到 5 点，我又花 2 小时重复了一遍。在那次销售活动中，我创造了个人销售奇迹。当然，或许也有运气的成分。你可能

以为我花 4 小时就做到了，不，这次销售活动的内容我已经反复演练了 20 多次！

上天从来没有亏待过我的每一分努力，而那些我从来没有努力用心做的事，它也全都记在心里了。

一个高中老师对我讲，他们学校有一个非常具有运动天赋的学生，每次跑步都能拿第一。他的锻炼秘诀是，每天至少要跑 6 公里。后来他参加市里的比赛，居然连前 10 名都没有进。原来，全市第一名每天至少要跑 10 公里。后来省里组织了一次比赛，第一名接受采访说，他每天至少要跑 20 公里。那么全国冠军呢？奥运冠军呢？他们需要努力到什么程度？

很多时候，小 A、小 B、小 C 以为自己很努力了，其实，他们可能不知道，还有比他们努力很多很多的人……

在计划经济时期，你做到 50 分，你的生意就会很好了；在市场经济初期，你做到 70 分，也很不错了。而现在，无论你在哪个行业，想要生存下去，你至少得做到 90 分，因为 90 分才算及格；真正优秀的人，至少都在 95 分以上。这就是为什么你那么努力，却还是那么普通，因为比起别人的努力，你的努力还远远不够。

有一次，我居然听到别人说，要再造一个某宝、某猫，他们很快就会超过中国首富了。当时我一惊，还以为遇到世外高人了。咱们先不说时代背景，你也别去摸索了，就算某宝、某猫的原班人马，手把手地教你怎么做运营，以你现在的努力程度，也只会得到一个字：输。

你认为某宝从网站建设、市场推广、商家入驻、流量运营、结算支付到售后服务，哪个板块比较容易做呢？你是否知道，某宝能有今天的辉煌，经历过几次生死的考验？付出了多少常人难以想象的努力？

现在，有很多著名的品牌分享会，一些商业巨头甚至毫无保留地把自己的经验贡献出来。很多人说，这不是泄露商业秘密了吗？太危险了！人家心里就笑了：尽管拿去吧，我们倒希望有个竞争对手，逼着我们快速成长。

而事实的真相是，全部给你，你也学不会、拿不走。能让你学会的，就不是商业秘密，那些你学不会的，才是最有竞争力的优势。比如，你努力的程度，就不是人家的对手。

如果你一直很努力，却没有得到理想的结果，原因只有一个：你只是看上去很努力罢了。如果没有从量变到质变的努力，没有持续、有效的努力，你最多只是在努力地表演而已。

让我们直面一些问题：你每天的有效工作时间是多少？你每天学习几个小时？你一个月看几本书？为了成长，你做了哪些富有成效的努力？你有清晰坚定的目标吗？你的目标完成情况如何？

有时候，你会发现，其实那些有天赋的人，比你还要努力，所以，以你的努力程度，根本到不了拼天赋的时候。

当然，你也可以不那么努力，但这并不影响别人加倍努力。那些不努力的人，后来都怎么样了呢？我想，时间早已给出了答案。

如果一件事平均需要做 10 次才能成功，你做 8 次就感觉已经很努力了；那些优秀的人，已经做了 10 次以上；那些行业的顶尖人物，已经做了 100 次。如果你想获得更大的成功，你应该做多少次呢？

在这个充满竞争的时代，你要明白，一定还有比你更努力的人。有时候，你所努力的极限，可能只是别人的起点。

【极速小语：在你还没有取得满意的成绩前，一切的努力，只是起点。】

| 第4章 |

重大抉择——
掌控成长关键点

4.1 画重点：人生关键的选择点有哪些

人生是不同选择的集合，今天是昨天选择的结果，明天是今天选择的必然。不同的选择决定了不同的人生。

选择无处不在。生活总是随机给我们安排一些选择，我们只有做好自己的编剧和导演，认真做出选择，才能拍出一部精彩的人生电影。

在奔跑的道路上，选择是我们成长的调速器。每一次正确的选择，都在加快我们前进的步伐；每一次糟糕的选择，都会让我们的脚步放缓。重视每一次选择，就是在善待我们珍贵的生命。

我们在开车的时候为什么要用导航呢？当然是为了选择最优路线。选择就是人生的导航，你是否走在最优道路上，是由你的选择决定的，你选择哪条路，决定了你如何到达终点。

举个例子来说，不抽烟不喝酒是我在10多岁的时候做出的选择，并且一直坚持到现在。我们来看看，这个选择对我究竟有什么影响呢？

第一，它为我节约了一笔不必要的开支，并且是长期性、持续性的。我可以用这笔钱做更有意义的事情。

第二，因为坚持了良好的健康习惯，我的身体状况一直都很好。更重要的是，身边的朋友都说，我看上去要比实际年龄年轻很多。

第三，虽然我创业时涉及过酒业务，但是我仍然坚持不饮酒，从而主动减少了很多应酬，也节约了很多宝贵的时间。于是，我就可以用更多的时间来工作和学习了。

一个简单的选择，其影响却是非常深远的。在生活中，当我们把很多个选择叠加在一起的时候，我们的人生就会发生翻天覆地的变化，这就是选择对我们的重要影响。

根据选择事件的属性，我们可以把选择分为三类：小选择、中选择和大选择。我们确定自己的人生理想是从 A 点到达 B 点，属于重大选择；在行进的过程中，我们对阶段性路线的选择、对行进速度的调整，属于中选择；我们在哪里吃饭、在什么地方休息，属于小选择。

比如，你的理想是成为一名出色的医生，这就是你关于职业的重大选择；至于在哪个城市、哪个学校就读医学专业，就是你的中选择；其他一些围绕工作和学习的零碎小事，就是你的小选择。

小选择比较琐碎，对终极目标影响不大，我们可以随机选择；中选择数量相对偏少，代表行进的路标，是抵达终点的重要保障，我们要认真选择；大选择寥寥可数，决定了人生的方向和结果，我们要谨慎选择。

现在，我们来看看随机选择。比如，我们出去逛街的时候，走进一家杂货店，面对琳琅满目的商品，我们可以随意挑选，但看似不经意的选择，可能会对我们产生重要的影响。

如果我们选择购买一本书，书中的知识可以武装我们的大脑，开阔我们的眼界，影响我们的人生观和价值观，进而改变我们的行为习惯。我们可能因为这本书，开启崭新的人生。

如果我们选择购买几盆绿植，就要精心照料它们，我们可能会喜欢上花花草草，对植物产生浓厚兴趣，并结识一些共同爱好者，发生一些新的故事。

我们看似随意地选择了一本书、几盆绿植或者其他什么物品，但这些物品会发挥其特有的作用，反过来影响我们的生活，甚至改变我们的人生。

所以，一些随机的小选择，可能演变成中选择，进化成影响我们人生的大选择。它们是相互促进、相互作用的。当我们面对小选择的时候，要坚持"有价值、有意义"的原则，选择那些对我们成长有帮助的事物，这样它们才能对我们的人生产生重要的作用。

如果从人生的起点到终点画一条直线，我们可以根据年龄把选择分为最关键的三个阶段：

第一阶段：1~10岁。这个阶段我们的人生观、价值观、世界观尚未完全形成，一些关键的选择主要靠父母来完成。本阶段我们要培养自己的兴趣爱好、养成良好的生活和学习习惯，认真对待每一个有影响力的选择，为迎接更大的选择做好准备。

第二阶段：11~17岁。这个阶段，我们逐步形成了自己的性格特征，养成了一定的行为习惯，并有了初步的人生理想。我们开始有能力在父母的指导下去做一些选择，直到自己可以慢慢掌握人生的方向。

第三阶段：18~40岁。这是人生最重要的选择阶段，很多关键选择都在这个阶段完成，比如专业、婚姻、职业、事业等。这一阶段历时22年，是人生的黄金年龄段。大多数人都在这个阶段打下了整个人生的基础，如果你能以严肃、谨慎的态度来面对这个阶段的每一个重大选择，你大概率会拥有一个高质量的人生。

40岁以后，我们开始逐渐享受丰硕的成果，比如可观的收入、美满的婚姻、良好的发展等。如果此时我们还没有感受到丰收的喜悦，就应该立即复盘，马上做出重大调整。

虽然说失败是成功之母，从错误中学习才能进步，但问题在于，很多人以年轻之名，打着"勇敢试错"的旗帜，把本可以顺利发展的道路，调成了迂回曲折的模式。如果在重大的关键选择中出现了错误，你可能需要用一生来弥补。如此惨重的代价，你真的愿意接受吗？

现实与理想之间的差距，往往是由不同关键选择叠加产生的，对于人生的关键点,我们应该如何去选择呢?

【极速小语:如果你对现在的生活不太满意,就要立即做出调整,只要你愿意,永远都不算晚。】

4.2 千金难买：如何做出高质量的选择

虽然我们无法选择自己的出身，但是我们有权利选择自己的人生。

作家柳青说过："人生的道路虽然漫长，但紧要处常常只有几步。"是的，人生的选择很多，但关键选择往往只有几个。我们只要做好重大选择，就能发挥四两拨千斤、化腐朽为神奇的作用，从而把命运牢牢地掌握在自己的手中。

面对选择，你是一个认真的人吗？曾经，这是一个一语惊醒梦中人的问题，让无数人为之一震：想想你对选择付出的努力和思考，你能做出一个好选择吗？

当面对重大选择时，你付出了怎样的感情？是敷衍了事，还是用情很深？你考虑了哪些决策因素？使用了什么工具？决策用了多长时间？当时处于什么状态？是否听取了重要人的意见？事后是否进行了复盘？这些年你的选择水平是否有所提升？

面对这些问题，如果你还一头雾水，就要小心了。其实，对于选择，我们运用"一三二法则"就能得到很好的效果了，即一个连锁、三个指标、两个要点。

什么是一个连锁呢？由于选择并不是孤立的，一个选择会导致一系列事件的发生，产生连锁反应。很多人在面对选择的时候，都是草草行事、率性而为，他们只在乎即时获得感和眼前利益，而忽略了长期目标。

周末，小 A 受邀参加一个为期 2 天的自驾游。周一，一个客户如约到小 A 的办公室签合同，结果小 A 因为参加自驾游忘记把合同细节落实好。客户很生气，小 A 因此失去了这个 500 万元的关键订单，还损失了 60 万元的产品包装费。此消息一经传开，小 A 失去了好几个客户。

小 A 这一系列的损失真是令人心痛。当我们把选择和长期利益结合起来的时候，就能杜绝很多短视选择，从而为我们赢得更大的利益。

但是，有些选择的走向和结果是难以预料的，我们应该怎么办呢？

这时，我们就要学会拆解它。一个大选择是由多个中选择组成的，只有每个中选择达到目标，我们才能大概率达成大选择的目标。此时，我们要关注中选择的三个指标：好运率、成果比较、目标导向。

第一个指标：好运率。好运率也称胜算率，指的是我们选择做某事，可以给我们带来"好运"的概率。所以，在进行分析判断的时候，我们要考虑哪些因素可以给我们带来好运，当达到我们的心理预期时，我们就可以大胆地做出选择了。

比如，你的大选择是考上某大学，目前的短板主要是英语成绩不好，你正在全力冲刺。同学邀你参加一个数学训练营，而你的数学成绩几乎每次都是满分，如果你选择它的话，你的好运率接近于 0；相反，你的英语成绩并不理想，如果这是一个很难得的英语训练营，你参加了，你的好运率就会陡然上升。所以，好运率提升的关键，在于被选择事件所蕴含的"好运因子"。

第二个指标：成果比较。它指的是选择前后所取得成绩的对比。比如，我们通过自身努力学习，预计 2 个月后英语成绩可以提升 20 分左右，而通过英语训练营的评估，加强训练后可以提升 35 分以上，那我们就应该选择后者。

第三个指标：目标导向。它指的是我们的选择一定要符合大选择的方向，符合长期利益，否则我们将会偏离目标。比如，你的英语成绩还没有得到理想的提升，而你暑假期间还选择去旅游，寒假期间还废寝忘食地玩游戏，你就离大选择的目标越来越远了。

这三个指标是我们进行中选择的重要参考。它回答了我们做选择时应该考虑的三个核心问题：这个选择是否值得做？选择后的效果如何？它是否符合大选择的长期利益？

最后，当面对大选择的时候，我们需要关注两个要点：

第一，不与别人进行比较，以自我为中心进行选择。每个人的背景资源都不一样，决策基础完全不同，结合自身实际做出的选择才是最好的选择。

世界上没有完全相同的人生版本，每个人都是独立的个体，所以，我们要结合自身的情况，以自己的视角客观地做出选择，而不要以他人或者社会的期望来进行选择。

第二，向优秀的人学习或请教。重大选择的威力很大，足以改变你的人生，所以，当你在面对某个重大选择时，可以多看看伟人、名人及优秀的人对该选择的做法，找到他们的共同之处，然后根据自己的目标慎重地做出选择。

【极速小语：在生活中，你怎样做出选择，选择就会给你怎样的结果。请善待每一个选择的机会，善待我们美丽的生活。】

4.3 注意安全：如何杜绝令人后悔莫及的选择

选择是人生的魔法棒，它既可以让我们变得普通，也可以让我们变得优秀。人生质量的高低，一定程度上是由我们的选择决定的。

其实，在普通和优秀之间，往往只隔着一个"为什么"的距离。当我们喜欢问"为什么"的时候，我们的思路就会越来越清晰。面临选择的时候，多问自己一个"为什么"，我们就能做出更优秀的决策。

"为什么"就是我们采取行动的理由（动机），它有利于目标顺利地实现。在做出选择时，我们不妨多问问：我为什么要这么选择？这个理由充分吗？这个选择会让我得到预期的结果吗？

只有把行动和理由联系起来，我们的选择才不会偏离方向。试想一下，你的理想是成为一位投资家，那你为什么要选择计算机专业呢？你明明想成为一位销售精英，那你为什么要选择一份行政工作呢？你天天呼喊着要减肥瘦身，那你为什么要胡吃海塞呢？

如果你没有一个好的理由作为开始，自然得不到一个好的结局。低劣决策者不爱问为什么，而优秀决策者不断问为什么，在问与不问之间，差距就越来越明显了，人生之路也就越来越不同了。

问，是对未来目标的确认；不问，是对当下行动的纵容。当我们的行动和未来的目标不一致时，我们所有的行动都是无效的，一切的付出都是错误的，这就注定了错误选择的悲剧。

除了问"为什么"，情绪也是影响选择的关键因素。回想一下，你是否在愤怒、激动、恐惧、悲伤、乐观、匆忙、骄傲等情绪下做出过选择？这时的决策水平如何？利弊得失怎样？你觉得这是一个理想的决策时刻吗？

事实上，当我们的情绪波动较大时，很难客观理性地做出优秀的选择。经科学家研究发现，此时，我们的血清素水平降低，这极大地影响着我们对事物的反应，使我们做出低劣的选择。

情绪是优秀选择的干扰器，往往会降低我们的心智水平，干扰我们的理性决策。所以，我们一定要避免在情绪不稳定的时候做出选择。

有时候，我们还会遇到选择理由不充分，或者一时之间难以抉择的情形。此刻，我们应该怎么做，才能避免做出那些令人后悔莫及的选择呢？

2016年，我在礼品生意还比较红火的时候，做了一次重大的选择，结果出现了巨大的"黑天鹅"事件，对我造成了毁灭性的打击，我因此付出了惨重的代价。

如果当时我能够利用以下这套方法，就能有效避免这场灾难。这套方法其实很简单，就是把每个选项可能出现的最坏结果罗列出来，以结果的可接受程度作为选择标准。比如，我们将结果分为：

A. 勉强接受，预期一般。

B. 难以接受，预期糟糕。

C. 无法接受，预期恶劣。

我们的选择都是趋利避害的，但有时可能出现难以预料的结果。比如，A、B、C三个结果一个比一个严峻，当我们做选择的时候，就要问自己，这个结果，我能接受吗？如果不能接受，就要慎之又慎了。

当我们对自己的选择满怀悔恨的时候，很大程度上是我们对选择的最坏结果没有进行充分的分析，如果我们高度重视预测结果，就能避免做出很多低劣的选择。

不要再把决策权交给感觉和情绪了。当我们习惯性地问自己以下三个问题时,我们就开始慢慢成长了:

(1)我为什么要这样选择?我的理由是什么?

(2)我的情绪是否正常?决策过程是否科学合理?

(3)面对糟糕的结果,我能接受吗?

【极速小语:当我们心平气和的时候,如果能多问问为什么,多分析一下事情的发展结果,就能大大降低选择的出错概率了。】

4.4 两份清单,从容面对错误选择

当选择错误时,我们应该怎么办呢?

首先,拥有正确的态度。对于选择错误,我们要控制好情绪,保持思维清晰,端正态度,客观理智地对失败原因进行分析,找到错误的根源,从而减少错误带来的长期危害。

其次,及时止损,应急响应。迅速停止错误的做法,马上采取应急措施,调整方案,抓住第二次机会,做出有利决策。

很多人在发现自己选择错误后,并不是及时止损,而是侥幸地维持错误局面,妄想从失败的困局中走出一条正确的道路。这本身就是一种更糟糕的选择,最终只会一错再错,越陷越深。

最后,认清自己,客观分析。一些人在面对失败的时候,总喜欢推卸责任。他们常常把原因归咎为运气不好、时机不对、环境不好、发生意外……敢于直面错误的人,才是真正值得被尊重的人;一味推卸责任、不积极解决问题的人,只会阻挡自己前行的脚步。这两种心态,正是选择错误后的分水岭,决定了我们的成长速度。

一次错误的选择,可能会造成一些损失,而一次错误的坚持,可能会带来巨大的灾难。我们不妨想想自己曾经遭受重大失败的根源是什么,总结一

下，很可能是因为"没有及时止损"。

对错误选择的包容，就是对自己的残忍。你有坚持错误选择的勇气，就要有对后果负责的能力。及时止损、及时调整，才是我们面对错误选择最正确的策略。

现在，请仔细阅读这份"止损清单"，然后找一张纸和一支笔，认真思考并写出答案，这将有利于你的成长。

（1）为了成长，我必须改变这些习惯：_____。

（2）为了成长，我必须减少与这些人的来往：_____。

（3）为了成长，我必须终止这些关系：_____。

（4）为了成长，我必须停止参加这种类型的活动：_____。

（5）为了成长，我必须马上停止做这些事情：_____。

（6）为了成长，我必须……

想想还有哪些事情是你必须及时止损的，现在就写下来，立即执行。要成长，行动就要快！

除了止损清单，你还需要一份"调整清单"来配合使用，双管齐下，效果加倍。

（1）为了加速成长，我需要养成这些习惯：_____。

（2）为了加速成长，我需要学习这些知识：_____。

（3）为了加速成长，我需要建立这些人际关系：_____。

（4）为了加速成长，我需要参加这些活动：_____。

（5）为了加速成长，我需要做这些健康计划：_____。

（6）为了加速成长，我需要……

结合自身情况，想想还有哪些你需要及时调整的地方，写下来，并立即执行，直到你做到为止。

当我们及时止损并进行调整的时候，我们将进入一个至关重要的适应期，它决定了我们的行动结果。以下三点度过适应期的建议分享给你：

（1）对两份清单的内容，按照轻重缓急进行排序，建议先从那些容易改变的地方做起，先易后难，循序渐进，更有利于计划的实施。

（2）当你遇到困难时，考虑一下放任错误选择的后果，仔细想想自己为什么要这么做，这是不是你要的结果。

（3）适应期会遇到各种干扰和挑战，要看清方向、坚定信念，紧盯自己的成长计划，只有梳理好思绪，做好每一个选择，才能顺利达成目标。

前几年，由于我的错误选择及坚持，我遭遇了重大挫折和损失。一时间，我万念俱灰，心如刀割。一番痛定思痛后，我对身边的人、事、物进行了重新梳理，并对自己的人生进行了调整。我慢慢地走出了低谷，并开启了新的征程，这两份清单对我来说功不可没。

我们做出一个个选择，就像跨入一道道门槛，门内有门，槛后有槛，我们不断在其中穿行，看到不同的场景，得到不同的结果。我们的生活就是进行一系列的选择，我们可以利用不同选择的组合来创造我们想要的生活。

【极速小语：我们是主导选择，还是被选择所左右？学会整理自己的选择，让一个个选择，成为我们走向美好生活的铺路石。】

4.5 收藏好这些选择工具中的"战斗机"

试想一下，当你一连做了几个糟糕的选择后，你的努力几乎都白费了。相反，如果你连续做了几个优秀的选择，好运不断叠加，各种好事就会陆续发生了。可见，好运气需要好选择。下面分享几个工具，助你提高选择质量，加速人生成长。

第一个工具，目标工具法。使用它的时候，主要有三个步骤：

（1）根据自己的目标类别，比如从学习、事业、爱情、人际关系、家庭等类别中，选出3~5个主要目标，作为重点关注对象。

（2）从选出的3~5个目标中，再选出1个最重要的头号目标。记住，只能选出1个，它就是你的目标靶心。

（3）当面临选择的时候，要特别注意选择和目标重叠的部分，这样才会让我们离目标越来越近。比如，你的目标是减重20斤，参加瘦身运动就是一个与目标重叠的好选择，而吃冰激凌就是一个背离目标的坏选择。

目标工具法把目标管理和选择工具有机地结合起来，让我们处于选择的有利位置，从而采取正确的行动。所以，当我们不知道如何选择的时候，不妨问自己：我的选择和目标一致吗？

第二个工具，结果倒推法。不是每一个选择都具备充分的选择条件，如果我们还没有一个充分的选择理由，不如先来看看可能出现的结果。从结果出发，可以让我们尽量避免选择偏差。

比如，你在 A 公司任产品经理，你收到了一家猎头公司的邀请，现在有机会到 B 公司去工作。留下，还是跳槽？B 公司有哪些因素值得认真考虑？你应该怎么选择呢？

老板决定了公司的发展，老板价值如何？

行业决定了未来的趋势，行业如何？

发展空间决定了增值潜力，空间如何？

目标决定了方向，选择是否和目标一致？

……

这个选择并不难，我们可以挑选一些具有影响力的因素，然后按照统一的计量标准，对各要素进行估值计算。下面我们对比一下在 A、B 两家公司工作的价值（见表 4-1）。

表 4-1

要素	A 公司工作价值	B 公司工作价值	备注
工资	5000 元	8000 元	公司的月薪
5 年期每月增值空间	500 元	1000 元	平均每月增值收入的预估值
老板价值	10 000 元	20 000 元	老板格局能力的影响价值
行业	3000 元	8000 元	行业趋势的价值
晋升机制	-1000 元	4000 元	是否凭能力晋升
职业目标	2000 元	3000 元	是否和职业规划一致
工作强度	2000 元	-2000 元	工作强度和心理预期
学习培训	500 元	1000 元	公司的培训体系
价值总数	22 000 元	43 000 元	价值求和

每个要素的价值都是你的心里估值，你还可以对你关心的要素进行增减。通过对 A、B 两家公司的预期价值的对比，可以发现，B 公司的预期价值远远高于 A 公司，是一个不错的选择。

第三个工具，项目评分法。这个方法根据项目总分来进行选择，化繁为简，一目了然，简单易行。

在一个项目中，我们把影响结果的主要因素找出来，再分别确定它们的权重和能力取值，然后相乘求和，得到一个项目总分。如果总分符合我们的心理预期，就是一个很好的项目。

以直播为例。我们先假设直播有产品选择、引流能力、销售策略、直播能力、售后服务五个要素，再确定它们的权重，然后结合自身能力进行取值，就可以计算出总分（见表4-2）。

表4-2

项目要素	权重	能力取值	项目得分＝总分（100分）×权重×能力取值
产品选择	10%	95%	100分×10%×95%＝9.5分
引流能力	35%	80%	100分×35%×80%＝28分
销售策略	20%	91%	100分×20%×91%＝18.2分
直播能力	18%	90%	100分×18%×90%＝16.2分
售后服务	12%	96%	100分×12%×96%＝11.52分
其他	5%	93%	100分×5%×93%＝4.65分
合计	100%		88.07分

表4-2中的每个项目要素的选择及其取值都非常重要，我们要以过往的能力作为依据，做到客观公正地评定，才能保证预测结果相对准确，该表的总分为88.07分，这是一个值得重点考虑的项目。

目标工具法让我们找到选择的方向，结果倒推法让我们预知选择的结果，项目评分法可以比较不同项目的优劣，三个工具各有特点，我们可以根据不同的场景进行使用，从而做出有利的选择。

生活中，我们如果习惯于"拍脑袋"决策，只会得到令人头疼的结果。只有珍惜每一次选择机会、合理利用选择工具、科学理性地进行决策，我们才能比别人成长得更快。

【极速小语：一次高质量的选择，需要理论和数据的支持，搜集相关信息，采取科学的分析方法，就能避免拙劣的决策。】

4.6 职场选择：这样做至少让你少奋斗 10 年（上）

如果你已经在职场奋斗了 10 年以上，还对自己当下的发展情况不太满意，你可能少做了一项工作：比较。

你应该和那些优秀的同学比较一下，看看你们之间的差距是如何拉开的，他们主要做对了哪些事；如果再发展 10 年，你们又将呈现出一番什么样的景象。

更重要的是，你得和过去的自己比较，看看这 10 年来，你在工作中得到了什么，在哪些方面进步了，你最大的职场遗憾又是什么。

没有对比就没有伤害。对比是为了找到差距，伤害是为了敲响警钟。我们今天的收获，跟我们的选择息息相关。认真做好每一个重要选择，是在职场获得良好发展的关键。

职场选择从大学毕业就开始了吗？不，准确地说，从高考选专业的时候就开始了，因为在大学毕业的时候，大多数人都会根据自己的专业去选择职业，让工作和专业更好地匹配起来。

事实上，仍然有很多人的专业和职业是不对口的。也就是说，你所做的工作并不是你擅长的，可能也不是你想要的，你在一开始选专业的时候也许就出错了。这是你想要的结果吗？

一些人认为能考上大学就不错了，至于专业和职业的事，以后慢慢调整就行了。其实，这已经为以后的发展留下遗憾了——不仅浪费了教育资源，也耽误了自己的学习时间。比起那些专业对口，马上就能步入职业正轨的同龄人来说，这不是慢人一步吗？

如果我们能在高中的时候，就找到自己既喜欢又擅长做的事，相当于我们比别人更早地找到了方向，这绝对是一件非常幸福的事！

当然，这个选择阶段获得的优势虽然很明显，但并不是绝对的，因为机会偏爱有准备的人。在大学实习的时候，我们又将面临一次重大的选择。

此时，我们仍然需要判断自己的专业是否对口。比如，你学的是计算机编程专业，你就需要找一家软件公司，看看自己是不是真的对这份工作感兴趣。如果你的表现不错，你也很喜欢这份工作，那么就要恭喜你了。

如果你跟一些同学一样，发现自己的专业并不对口，怎么办呢？不要急，你可以选择一个高成长性的行业，看看这个行业的什么岗位比较适合自己。这是一个很重要的选择方向，能极大地弥补你先前专业不对口的缺憾。

对于高成长性的行业，就算你专业不对口、没有经验、岗位不匹配，也无须灰心，你还是可以根据自己的优点，通过大量的努力，培养岗位所需要的能力，你仍然可以从不确定性中获得确定性的机会。

对于实习阶段，最好的策略就是：早点工作，早点试错。因为这个阶段的试错成本是最低的，只有大胆试错、确定方向，你才能在时间上形成竞争优势。如果几年后你还在不同行业、不同岗位频繁跳槽，就很危险了。

当我们确定工作方向后，22~32岁就是我们埋头苦干、拼命成长的阶段。在这个阶段，我们要努力培养自己两个方面的能力：职业能力和收入能力。

职业能力就是我们在该领域、该岗位所获得的生存能力。我们可以通过"知、专、比、领"来概括。

"知"指的是知识和认知，就是你在该领域的知识和认知水平。比如，你知道什么是直播吗？你知道直播的核心要素吗？你了解直播的基本技能吗？

"专"指的是专业。比如，大家都做直播，你够专业吗？你能超过80%的直播团队吗？如果把你的直播知识做成课程，会有很好的销量吗？

"比"指的是评比、比较。比如，和直播同行相比，你的直播优势是什么？劣势是什么？有什么特点？具有长期竞争力吗？

"领"指的是带领、领导。比如，你直播做得很好，你能够培养一批直播人才吗？你能带领一支队伍吗？你的才能是否可以规模化复制？

知、专、比、领，是职业发展晋级的四个重要阶段。知是基础，专是精通，比是向对手学习，领是管理能力，只有认真做好、做透这四个阶段，我们才能获得职业生涯的良好发展，走向职业上升的正循环。

当我们工作以后，收入能力将会逐渐显现出来。收入分两个方面：工资收入和能力收入。工资收入以现金的方式回馈给我们，能力收入则以无形的方式展现出来，而后者才是我们收入最重要的部分。

在32岁以前，我们要想尽一切办法获得能力的提高，而不要过分纠结工资的高低。只有能力收入不断增长，我们才能敲开更高工资收入的大门，所以，千万不要错过最黄金的成长阶段。

那么，接下来我们需要怎么做，才能真正做到比别人少奋斗10年呢？

【极速小语：选择是一种智慧，更是一种能力。当我们具备了选择的能力，我们就掌握了选择的主动权。】

4.7 职场选择:这样做至少让你少奋斗 10 年(下)

职业发展就像建高楼,楼建得越高,地基越重要。职业生涯的成长期,就是重要的打地基阶段,决定了人生大厦的高度。

过了人生的快速成长期,33~42 岁是我们职业发展的上升期。这一阶段有两个关键词:加速上升和坐稳扶牢。

这一阶段,我们有了一定的经验、人脉和资源,管理能力也得到了进一步提升。这是我们发光发热的好时机,要抓住良好的发展机遇,加速上升,增强势能。

同时,随着大量优秀毕业生的涌入,新鲜的血液将陆续注入每一家有成长活力的企业。如果我们的成长速度比不过新生代的成长速度,就会败下阵来。唯有建立壁垒、巩固实力、创造价值,才能"坐稳扶牢",否则随时都有"坠落"的危机感。

在这个阶段,由于前期的积累和行业的发展,很多人会迎来一个跳槽期和调整期。为了找准职业方向,获得更高的收入,建议你提前做好准备,并思考三个问题:

(1)未来最需要什么能力?

(2)你最擅长的能力是什么?

（3）什么能力是比较稀缺的？

在日新月异、高速发展的商业社会，当新科技、新商业模式出现的时候，就是新的价值空间产生的时候。新价值往往需要新能力来获取，这就是未来需要的能力。

蓬勃发展的直播电商、区块链技术、新农业开发等，都产生了新的价值空间。它们代表着未来的趋势，而个人的能力，往往要靠趋势才能放大。关注未来需要的能力，抓住未来的趋势，是职业发展需要重点考虑的方向。

再来看看擅长的能力。你的能力是否还能适应社会发展的需求，你是擅长一样，还是一专多长？哪些能力快要被淘汰了？哪些能力需要更新了？哪些能力需要补充了？你的能力是否经得起市场的考验？

如果你自鸣得意的能力，大多数人都拿得出来，恐怕就没那么有价值了；相反，如果市场对某种能力的需求量是1000人，供应量仅有100人，你就是那供不应求的1/100，你的身价就要倍增了。

稀缺性决定了我们的价值，拥有稀缺的能力才具有真正的竞争力。它决定了我们能否借助趋势的力量乘风而上。现在，请把上面三个问题的答案写出来，它们的交集就是我们需要重点发展的能力。如果没有交集，我们就需要刻意努力了。

同时，我们还需要明白：跳槽，能够获得什么价值？调整，能够获得什么能力？无论我们采取什么行动，都要牢记自己的职业发展目标，并问问自己：我的选择，对目标产生了什么作用？

40岁的时候，我们将逐渐步入职业发展的成熟期。我们可能会收获事业的责任感、使命感和成就感，这才是我们生命开始绽放的时刻！

最后，在职业发展的不同阶段，我们都要注意管理好"职业风险"。一方面，我们会面临体能下降、能力减效、行业衰落等，要想好怎么去应对；另一方面，随着年龄的增长，我们的角色可能会逐渐增加，比如丈夫、妻子、父母等，我们将会分配更多的时间给家庭。比起那些正在奋力追赶的新生代，我们还有多少优势呢？

面对职业风险，我们要尽早从体力、脑力、技能等方面的人力资本竞争,转向管理、组织、经验、资源、人脉等社会资本的竞争,才能实现竞争能力的升级,获得长期发展的优势。

职业发展是一段重要的生命旅程,是我们人生成长的重要组成部分。回首过往,我发现职业生涯由四个字统领着:快、稳、准、慢。

快,是我们的成长速度。你不能偷懒。即使你有先发优势,那些勤奋的人也会毫不留情地超过你,因为在这个高速成长的世界,你不进步的每一天,都在倒退。

稳,是我们的发展根基。只有根系发达、深植土壤才能成长为参天大树。根基不稳,一旦跑起来,很可能就会散架。

准,是我们的敏锐眼光。不能一眼看透事物的本质,我们将一直在职业生涯的低维徘徊。没有敏锐的职业嗅觉,我们将无法到达职业巅峰。当职业发展遇到瓶颈的时候,我们要跳出职业看行业,跳出行业看世界,才能突破瓶颈,再创辉煌。

慢,是我们要成熟稳重。每个人都有自己的成长时区,我们只需要比昨天的自己更强大就可以了。大胆尝试,小心试错,控制好人生风险,我们才能走得更稳、更远。

我们的职业高度,决定了我们的职业线路,当我们确定终点后,就能倒推出每个年龄节点的任务和使命,虽然可能有所偏差,但绝不会偏离,这就是我们的人生战略思维。

假设从现在到未来拉一根直线,我们只要沿着这条线一直走就好,即使途中有短暂的迂回或曲折,也不会妨碍我们走向终点。

在职业道路上,如果我们能够掌控好每个发展关键点,管理好每条发展路线,我们就能获得更快的成长速度,节约至少 10 年的奋斗时间。

【极速小语:年轻时,我们要把成长当作最大的收入。22~32 岁,拼的是体力和智力;33~42 岁,拼的是能力和资源;43~52 岁,拼的是人脉和资本。在不同时期做好关键选择,才能让我们保持职业发展优势。】

4.8 最好的选择，就是管理好人生的发展概率（上）

小 A 报考了计算机专业，小 B 报考了英语专业，并且这都是他们深思熟虑后的选择。那么，大学毕业后，如果只有这两个择业方向，他们会怎么选择呢？

如果不出意外，小 A 和小 B 都会选择本专业的工作，因为他们在报考专业的时候，基本上就选择了就业的方向。当然，他们也可能选择另外一个行业，但这种概率明显偏低。

如果我们把报考两个专业的人数各扩大到 10 000 人，我们就会发现，毕业后，选择本专业工作的人数，一定远远大于选择非本专业的人数，我们通过扩大人数的方法进一步看到了大概率的确定性。

小 A 和他的同学们在不同的行业打拼，5 年后，大家的收入差距越来越大：有的月薪高达 10 余万元，有的才万余元；有的已经买房，有的还在找房租更便宜一点的房子。

为什么会出现这样的情况呢？是有的同学不够优秀，还是不够努力呢？可能都不是。因为选择的行业不同，所以即使付出同样的努力，结果也可能是不一样的。

比如，如果你现在身处新能源、大健康、区块链、直播电商等新兴行业，就可能比在房地产、燃油汽车、职业翻译等行业获得更好的发展。行业不同、趋势不同、空间不同，成功的概率自然不同。

事实上，就算大家在同一行业，选择不同的公司、不同的老板、不同的岗位，发展也有可能完全不同。不同的概率，导致不同的结果。

一方面，越努力越幸运。这是从修炼基本功的角度来说的。常言道，选择大于努力，但这并不是说努力不重要。它恰恰是最重要的基本功，是获得选择权的前提。同时，选择一个好的行业或者方向也很重要，只有顺势而为，才能大有作为。一定要让你的选择，配得上你的努力。

另一方面，好的运气是管理出来的。它是由事情发展的概率来决定的，其本质是一个选择的问题。所以，要想获得好运气，我们既要加倍努力，也要做好选择题。

概率思维可以帮我们更好地掌握事情的发展方向，做出有利的决策。比如，你的公司有A、B两项业务，其销售额分别是1500万元和2000万元，其利润率相差不大，但你的团队精力有限，不知道应该重点发展哪项业务。此时，你应该怎么办呢？

很简单。A、B两项业务，哪项业务未来的发展趋势更好呢？我们可以利用结果倒推法。假设我们要把A、B两项业务做大10倍，哪项业务更容易做到呢？如果A能做到，B只能做到2~3倍，那么我们肯定要把精力倾斜到A业务上。

因此，我们可以得出一个公式：结果 = 行为 × 概率。也就是说，对于同一件事，采取不同的行动，会导致不同的结果，因为不同的行动触发了不同的概率。

有人问，读书有什么用？你看某某没有读几天书，现在却是身家上亿的大老板，而你大学毕业这么多年了，连个稳定工作都没有，你读书有什么意义呢？也有人问，学习有什么用？人家从来没有学过，一条视频就火了，而你天天做短视频，发了几十条视频，一条都没有火，你学习有啥用呢？

偶然的运气不是真理，以偏概全说明不了大多数问题。事实上，没怎么读书成为大老板的少之又少；从不研究学习，凭一条视频就火了的人，更是寥寥无几。为啥呢？这是概率的问题。

从概率上讲，只有掌握更多的知识，夯实成功的基础，才有可能成为大老板；只有不断加强学习，认真研究短视频运营，才有可能做出更多火爆的作品。只有管理好概率，才能管理好我们的人生。我们来看下面这个例子。

一个袋子里装了100个小球，其中有99个白球，1个黑球。我从袋子里随机抓出一个小球，让你猜是黑球还是白球，你会怎么选呢？

如果不出意外，你大概率会选择白球。为什么呢？因为白球被抽中的概率更大。但是，选白球可不可能输呢？也有可能，不过只有1%的概率。即使这样，你还是会选择白球，因为选黑球输的可能性高达99%！

那么，选黑球可不可能赢呢？也有可能，不过只有1%的概率。于是，你毫不犹豫地选了白球，可是当我把手张开时，你发现居然是黑球。对不起，你输了！

你真的输了吗？不！其实你并没有输。你做对了，只是你的运气不好而已。那什么才叫输了呢？你明智地选择了白球，但出来一个黑球。于是，你开始怀疑自己的判断力。当我第二次让你猜时，你选的是黑球，于是你又输了。这种输，才是真的输了。

为什么？因为猜错不可怕，可怕的是，你因为一次小概率事件，而放弃了大概率事件。事实上，只要你坚持正确的策略，你猜对的比例是99∶1。而你在遭遇"黑天鹅"事件后，放弃了正确的策略。如果你坚持下去，你赢了1次，却要输掉99次！

可见，我们不要因为一些小概率事件，就否定大概率的策略。比如，你明知道读书能够改变命运，就不要过早地放弃学习；你明知道顺势而为能够成就大业，就不要逆势而行；你明知道坚持能够获得成功，就不要寻找捷径。

当你初出茅庐的时候，应该选择一家什么样的公司，赢的概率才会更大呢？面对不确定性的概率问题，你如何做，才能增加人生的胜算呢？

【极速小语：偶尔的运气可能会对你撒谎，而真实的概率永远都是诚实的。选择大概率事件，才能拥有正确的人生策略。】

4.9 最好的选择，就是管理好人生的发展概率（下）

你有参加同学聚会的经历吗？多年以后，那些当初看似起点相同的同学们，却拉开了很大的差距。大家在一个个岔路口做出选择，最终走在了不同的道路上。

如果我们给自己画一张成长线路图，把那些关键选择点标注出来，就可以发现，我们将会走上什么道路，因为发展概率随时在计算着我们的人生。

成功投资的秘诀是什么？很多风投家几乎都会给你一个不可思议的答案：运气。这个回答有点调侃的味道。但事实上，每投资10家初创型公司，如果有一家成功，他们就会认为"好运"来了。

运气就是我们所说的概率，概率越高，运气越好。所以在投资的时候，风投家会通过一套算法，投资那些大概率能成功的公司。管理好概率，就能管理好运气。

概率是由什么来决定的呢？我们在进行决策的时候，通常会遇到两种情况：完全信息决策和不完全信息决策。假设选择A会得到100元钱，而选择B什么都没有，那么大家都会选择A。这种掌握了全部信息的决策，就叫作完全信息决策。

而在不完全信息决策中，我们只掌握了A和B的信息，但事实上，还存在 C、D、E、F、G 等未知信息的可能性。这些不确定的信息盲区，增加了我们决策的风险。

信息是否完全，决定了成败的概率。在不完全信息决策下，努力可能会变得很无力，因为我们不知道决定失败的因素究竟隐藏在哪里。如果我们从 A 点走到 D 点，需要三步完成，会发生什么情况呢？

我们假设每一步都有两种选择，但只有一种选择是正确的。第一步，我们的胜算是 50%；第二步，我们的胜算是 50%×50%＝25%；第三步，我们的胜算是 50%×50%×50%＝12.5%。也就是说，我们能够从 A 点走到 D 点的概率只有 12.5%。

在现实生活中，选择更多，路程更远。我们只能靠有限的确定信息进行决策，大量的不确定信息布满在道路上，从而大大地增加了我们失败的概率。那我们应该怎么做，才能增加成功的概率呢？

很简单，就是做正确的事。什么是正确的事？说简单一点，就是战略方向正确的事。做正确的事，永远都不会错，因为方向决定结果，我们只需要用时间来证明。

有很多事情，我们一直很努力地在做，但效果并不明显。这或许不是我们不够努力，而是我们努力的方向不正确。我们可能没有做正确的事，而只是努力在正确地做事。

做正确的事，比正确地做事更重要。前者是战略层面的，强调效能，讲究的是目标和方向；后者是战术层面的，强调效率，讲究的是方法和工具。效能增加成功的概率，效率加快成功的速度。效率必须以效能为前提，否则毫无意义。

比如，一个工厂的工人按要求生产产品，产品质量非常好，这就是工人在正确地做事。但是，产品投入市场后，无人问津，没有用户，这就是管理层没有做正确的事。可见，工人无论把产品做得多好，结果都是徒劳的。

有时候，很多人都没有做正确的事，只是在正确地做事。如果战略方向不正确，成功概率就会大大降低，效果自然不尽如人意。那么，我们应该怎么选择，才能做正确的事呢？

第一，发现趋势，制定战略。

不同的时代有不同的趋势，趋势是历史的潮流，是不可阻挡的未来。只要抓住趋势，顺势而为，就能对冲大量不确定性带来的风险。然而，做任何事情都不是一帆风顺的，看清趋势后，我们只有坚持做下去，才能取得非凡的成就。

制定战略就是制定方向，"不谋万世者，不足谋一时；不谋全局者，不足谋一隅"。杰克·韦尔奇说："我整天几乎没有几件事要做，但有一件做不完的事，那就是规划未来。"只要我们始终保持战略的正确性，就能极大地对冲战术的风险，从而获得大概率的成功。

第二，放远眼光，以终为始。

谁不想做正确的事呢？但现实问题错综复杂，当未来还不明朗的时候，我们怎么知道自己耕种的是一块盐碱地，还是一块肥沃的土地呢？很简单，我们把眼光放远一些，以10年甚至更长的视角来看待今天，如果这件事是符合趋势的，就是正确的事。

为什么高效能人士更容易取得成功呢？因为他们思路清晰、目标坚定。他们只做有生产力、有意义的事，以终为始，卓越高效，直到实现目标。他们高瞻远瞩的眼光决定了他们的成功。

第三，把握变化，积极创新。

如今，社会发展日新月异，我们只有随时保持灵敏的嗅觉，对市场做出迅速的反应，才能适应时代的趋势和发展。

所以，我们一定要紧盯风向标，培养自己优秀的战略能力，才不会被时代抛弃。而所谓的战略，七分在方向，三分在策略，所有的战略都要随着变化而调整，只有这样，我们才能一直走在正确的道路上。

当然，面对变化最好的策略就是创新，只有创新才能使我们永远立于不败之地。当4G网络发展得如火如荼的时候，华为率先推出了5G手机；当手机操作系统面临危机的时候，华为又亮出了"鸿蒙"的王牌。可见，只有不断创新,我们才具有强大的生存能力。

最后,请认真面对选择,因为每一次的选择,都可能使我们走向不同的人生。我们人生的电影,怎么拍才会更加精彩呢?心中始终想着那个精彩的结局,做好每一个选择,我们就能拥有美丽的人生。

【极速小语:成功的人生,就是确定性的累积。对于正确的事,我们要努力做、重复做、坚持做,才能不断增加确定性,从而大大提高成功的概率。】

4.10 选择与努力，到底哪个更重要？

选择大于努力，是真的吗？

我有一个朋友，他小时候，他的父亲在城里做小生意，妈妈在村子里守着一亩三分地。到了上学的年龄，我的朋友选择留在农村，而他的弟弟到了师资条件更好的县城读书。

于是，他的弟弟在无形之中拿到了一张好牌，因为到城里生活和读书，是很多农村小孩心中的梦想。可他的弟弟到了城里后却十分贪玩，不思进取，还经常给他的父亲惹一些麻烦。

多年后，那个在城里的弟弟，在工作上处处不如意，在生活上更是一塌糊涂，偶尔还要靠父亲接济过日子。而我的朋友由于非常勤奋、非常努力，大学毕业5年后，就买了房子，并且在一家公司担任经理，事业发展得红红火火。

选择真的大于努力吗？事实证明，并非如此。虽然人生充满变数，一两次正确的选择，可能发挥了关键作用，但这并不代表人生就是投机。张三买彩票中了大奖，你不能说因为选择大于努力，所以他应该靠买彩票谋生，而不去努力工作了，对吧？

当爱迪生发现了灯丝的新材料时，或许有人说，他的选择太关键了。可事实上，没有1000多次的失败，他怎么可能做出关键选择呢？我们往往只看到别人的成功，却没有看到其背后付出的艰辛和努力，没有扎扎实实的努力，所有"灵机一动"的成功选择都和他们无关。

爱迪生曾说，天才等于1%的灵感加99%的汗水，但那1%的灵感才是最重要的。可无数事实证明，如果没有99%的汗水，那1%的灵感是很难发挥的。所以，选择大于努力，必须以努力作为前提。

其实，关于选择和努力，我们完全不用纠结谁更重要。我们只要把几种可能的组合罗列出来，自然就一清二楚了。

第一种情况：选择正确，不努力。

第二种情况：选择正确，努力。

第三种情况：选择错误，努力。

第四种情况：选择错误，不努力。

我们来看看第一种情况：选择正确，不努力。如果我们选择了美丽的彼岸，却连帆都懒得竖起来，又如何到达呢？如果我们不愿意努力，靠投机取巧去面对生活，那我们将迎来怎样的人生呢？

对大多数学生来说，都想选择去好大学读书，可问题的关键是，你选了一所好大学，就能去读了吗？一位成绩优秀的学生，可以选择自己心仪的大学，而一位成绩不那么优秀的学生呢？即使他知道有好学校的选项，也未必有资格去选择。

有好的选项是一回事，能得到这个选项，又是另一回事。不努力就想得到一个很好的选项，是不可能的。选择是我们在努力后获得的一种资格，虽然努力不一定能让我们选择正确，但不努力我们连选择的机会都没有。

第二种情况：选择正确，努力。对于努力，我们要注意的是：不要用战术上的勤奋，去掩盖战略上的懒惰。长期低水平忙碌的勤奋，不会得到实质性的突破。假性勤奋的人只有过程，真正勤奋的人才有结果。我们只有在思想上不断升维，花大量的精力去做那些最重要、最有生产力的事情，才有机会走上成长的高速路。

因此，我们不仅要有战术上的努力，还要有战略上的努力。如果没有战略上的努力，我们可能连最优选项都看不到；如果没有战术上的努力，即使看到最优选项了，我们可能也没有实力和资格去选择。只有在战略和战术上都付出努力后，我们才有机会在关键选择中拿到好牌，从而走入上升轨道。

至于第三种情况：选择错误，努力。同学 A 和同学 B 都非常优秀，他们毕业后也都十分努力。但不同的是，同学 A 选择了热门行业，而同学 B 选择了夕阳产业。多年以后，他们的差距越来越大。

这就是选择上的问题。即使同学 B 付出再多努力，结果也不会太理想。可见，选择一旦出现问题，努力就成了资源的浪费。

最糟糕的是第四种情况：选择错误，不努力。这真是一个糊涂的状态啊！我们千万要避免。

现在我们来做个总结吧。是选择重要，还是努力重要呢？显然，它们都很重要，二者并不是对立的，而是和谐统一、缺一不可的。如果非要说哪个更重要，一定是努力更重要，因为努力是基础和前提，没有努力，我们哪有选择的资格呢？

影响一件事成败的因素有很多，我们可以用一个公式来表达：结果 = 努力 × 选择 × 环境 × 命运，这就是成事的真相。古人早就告诉我们，天时、地利、人和，缺一不可。如果我们改变不了其他因素，就先从努力开始吧！

最后，用一副励志名联，表达一下对努力的敬意：有志者事竟成，破釜沉舟，百二秦关终属楚；苦心人天不负，卧薪尝胆，三千越甲可吞吴。

【极速小语：努力，是脚踏实地，为选择打下坚实的基础，从而提高人生的下限；选择，是仰望星空，为努力选一条最好的路，从而提高人生的上限。】

| 第 5 章 |

创业小记——
在创业过程中加速成长

5.1 创业不问这些问题，后悔都来不及

你的性格适合创业吗？

创业前，多问自己一个问题，或许就会少一些损失。通过对创始人的性格进行分析，就能预见一个企业的未来。如果你不具备以下五项特质，你可能并不适合创业：

（1）愿意不断学习，并拥有强烈的求知欲和好奇心。

（2）思维缜密、逻辑清晰，具有洞察事物本质的能力。

（3）善于创新、勇于开拓，具有不断进取的决心。

（4）具有顽强的斗志、坚强的毅力和强大的心力。

（5）有宽广的胸怀、舍得的精神和良好的道德情操。

对于创业，如果你还没准备好，就不要匆匆地开局。没有精心的准备，你一定无法得到理想的结局。很多失败的创业案例，都源于草率的开始。

你可以创业无畏，但一定要明白创业维艰。为了提高创业成功率，我为你精心准备了五组问题，即"创业五问"。

创业第一问：对于这个创业项目，你是否有能力或者有经验，是否能够胜任？你是否能够占有一席之地？这个机会你是否能够把握？

创业者必须清晰地了解自己，客观地分析对手，才能发现自己的机会。

在剖析项目时，要对产品、顾客、渠道、策略、对手等，进行一次全面的SWOT分析，即对优势、劣势、机会、威胁进行系统性梳理。当你对成功充满无限憧憬时，最好想一想自己的致命弱点是什么。

同时，这个项目是不是未来发展的趋势？市场容量如何？现在介入是不是一个恰当的时机？这个项目目前对你来说是不是最优的选择？只有这些答案都是肯定的时候，这才是一个值得认真考虑的项目。人生短暂，我们没有时间在那些不确定性很高的项目上下赌注。

创业第二问：你有哪些资源？你还需要哪些资源？

战争拼的是资源，商场上的博弈，同样是资源的竞争。那些创业成功者，其二次创业为什么更加容易成功呢？因为他们有丰富的资源，而资源可以帮助企业度过关键的生存期。

认真梳理一下你的资源，再看看你还需要哪些资源，比如场地、设备、资金、无形资产、渠道、客户资料、人际关系等。在商业领域，认知差、信息差、资源差都会给你带来竞争力。搜索一下你的资源吧，它会为你赢得先发优势。

创业第三问：你能以最低成本进行市场测试吗？随着时间推移，边际成本会降低吗？项目的可规模化能力如何？

只有同时具备以上三个条件，才是一个理想的创业项目。我见过很多创业者想到一个好点子，脑袋一拍，就租赁办公室、装修、买设备、招聘员工、投入生产。可产品投放市场后，无人问津，几百万元投资，很快就灰飞烟灭了。

谁能保证自己的创业项目一定成功呢？不测试就大量投入的创业者，大概率会沦为创业"烈士"……

测试，是从0到1的关键，是为了验证可行性方案，了解哪些地方需要改进，哪些地方需要优化。只有跑通程序后，我们才能调动资源全面启动，否则，那些未经验证的想法，就是让我们亏得血本无归的罪魁祸首！

创业项目边际成本越低，利润越可观，比如知识付费产品、虚拟产品、培训行业、通信行业等。同时，我们也要重点关注那些容易流程化、标准化，具有指数级增长潜力的项目，只有这样的项目，才能迅速做大做强。

在此提供一点小经验，创业初期一定要先确定经营模式，再招聘核心员工，因为大多数企业都要经历几次测试后，才能确定最佳商业模式和专业人才。只有做到精准招聘，才能做到高效利用。

在创业初期，一些非核心的业务可以外包，这样企业就可以集中有限资源，聚焦核心战略，让企业赢得生存空间。对于一家企业来说，生存永远都是头等大事。

创业第四问：你有一支战之能胜的创业团队吗？

一个企业想要成功，最关键的因素是人才。一流的企业有一流的人才，二流的企业有二流的人才，没有人才的企业必将举步维艰。每年，华为、苹果、腾讯等世界500强企业不惜重金到高校挑选最优秀的人才，就是为了获得最核心的竞争力。

人才是企业第一生产力。从成本的角度来说，最贵的人才是最便宜的，最便宜的庸才是最贵的。一流的人才，创造一流的价值，为企业带来丰厚的利润；无为的庸才，没有价值，只会成为企业的绊脚石。

乔丹自从加入公牛队后，为公牛队赢得了6次NBA总冠军，为俱乐部赢得了崇高的荣誉，带来了丰厚的利润。优秀的人才是企业发展的加速器，创始人一定要在人才的选拔上下大功夫。

创业第五问：项目还存在哪些不可控的风险，应急措施是什么？项目最坏的结局是什么，你是否能够接受？你是否征询了专业人士的意见？你得到家人的支持了吗？

预见风险，准备好应急措施，你才能将损失降到最低；只有当你能接受最坏的结局时，你才能放手一搏；那些创业前辈们的成功经验，可以大大节约摸索试错的时间，成为你的成长助推器；只有得到家人的理解和支持，没有后顾之忧，你才能奋勇拼搏，全力以赴。

这就是每天都被无数个问题萦绕着的创业。而创业者就是在发现问题中成长、解决问题中强大的。你真的准备好创业了吗?

【极速小语:创业者最重要的能力之一,就是预见各种问题,而不是被动解决各种问题。做好充分准备的创业者,生存率将大大提高。】

5.2 什么样的企业，才有源源不断的发展动力？

什么样的企业才具有旺盛的生命力呢？

当然是一个有灵魂的企业。那么，企业的灵魂是什么呢？它就是企业文化的"三剑客"：使命、愿景、价值观。

什么是使命呢？它是一个企业的任务，或者应尽的责任。企业必须拥有清晰而坚定的使命感，才有持续的动能和顽强的生命力。

联想电脑的使命是"为客户的利益而努力创新"，通用电气（GE）的使命是"以科技及创新改善生活品质"，迪士尼的使命是"使人们过得快活"。在不同使命的指引下，这些企业的招聘、组织、行为、产品都围绕着相应的主题展开，所有人都会因为这个使命去努力奋斗。

使命要刻画在骨子里，挂在墙上是没有效果的。一个公司的使命能否产生作用，是由创始人的意志力决定的，只有上下齐心，矢志不渝，才能爆发出惊人的力量。

什么是愿景呢？它是我们中长期的设想和规划，是一个清晰的奋斗方向和目标。比如，企业发展 5 年、10 年、20 年分别是什么样子。没有愿景的企业，就像一个埋头赶路的人，时间一久，心里就会犯糊涂，就会失去战斗力。

企业的愿景应该是鼓舞人心、值得憧憬的。它和企业的使命一旦碰撞在一起，就会发生神奇的化学反应，从而激发出更大的力量。一个员工在加入公司的时候，只在乎自己的工资收入，而不关心公司的愿景和使命，是一件很糟糕的事情。

什么是价值观呢？它是企业及员工的价值取向，即企业在经营过程中所推崇的基本信念和奉行的目标。它是企业文化的核心，是企业生存与发展的内在动力。

某天，一位客户走进你的公司，对产品质量进行了投诉，态度不太友好。一位员工和他争吵起来，经理与他据理力争，副总说他故意找碴儿……最后，你走出来，真诚道歉，给客户送上了一份小礼物，详细记录了客户的宝贵意见，并微笑着送他离开。

对于同一件事，为什么有不同的处理方法呢？其主要原因是没有统一的价值观、统一的标准，大家都按照自己的喜恶进行决策或采取行动，从而产生了不同的结果。

所以，只有一群价值观趋同的人，才能确保全员决策的一致性，让彼此的协作更加顺利。我从事的是大健康产业，我们公司的价值观是：激情、创新、承诺、善意。

激情，是燃烧的梦想，有激情的人，才有内生的动力。他们是"自燃型"人才，无须激励，无须鼓舞，完全靠梦想燃烧自己，驱动自己。

创新意味着前行，守旧意味着后退。世界无时无刻不在发生着变化，我们只有紧跟时代的步伐，审时度势，开拓创新，勇于进取，才能勇立潮头，赢得机会。

承诺是一种态度、一种责任、一种契约精神，反映了一个人的社会信用度。一个坚守承诺的人，其社会协作成本很低，值得信赖。

善意是一种选择，是价值观的投射。富有善意的团队，充满亲和力，具有凝聚力。它是一种春风化雨的力量，更是一种披荆斩棘的坚韧。当我们用善意与世界对话时，我们就拥有了世界上最强大的能量。

企业的管理要按照价值观的要求来践行使命，达成愿景。价值观不是虚无缥缈的空话，而是落地生根的行为规范。只有清晰、具体、达成一致、可执行的价值观，才能产生巨大的威力。

需要注意的是，价值观是需要考核的。只有把价值观细化成经营方法论，或者管理方法论，制定相应的规则制度和作业流程，按照标准执行和考核，它才会发挥巨大的作用。

特别强调一点，企业只有把业绩和价值观结合起来考核，才能获得更加良性的循环和发展；相应地，一个工作人员，只有在业绩和价值观都达标的情况下，才能获得奖励和晋升。

有些人问，在企业管理上，究竟是制度重要，还是文化重要？

制度是规定，具有强制性，而文化是意识，是精神上达成共识。制度是用来强化文化的，是为文化服务的，所以，文化比制度更重要。当文化深入人心的时候，制度自然就减少了。

【极速小语：使命、愿景、价值观，是企业文化的"三剑客"。它们相辅相成、相互作用，构筑企业的灵魂。只有将企业文化落实到位，企业才会富有鲜活的生命力，才能走得更稳、更远。】

5.3　做到这四点，轻松实现低风险创业（上）

创业，是九死一生的事，其成功率不足5%。今天很残酷，明天更残酷，能够看到后天太阳的，始终是极少数。

资金紧缺，竞争激烈，不确定性日益增加。一旦走上创业之路，危机四伏，压力倍增。其实，创业之所以痛苦，是因为大多数创业者都走在一条高风险的道路上。

或许我们切换车道，降低创业风险，就会看到不一样的创业风景。那么，我们应该怎么做呢？

我们进行低风险创业的第一个重要内容是，以利他之心，愉快地解决一个社会问题。

凡是利他，必是善意，必生悦色。当我们发自内心地帮助他人解决问题时，必将得到他人的支持和拥护，此时，创业就是一件非常愉快的事情了。

创业最痛苦的事，莫过于把事业当成赚钱的工具，与同行争名夺利。当我们功利心太强的时候，就会变得心胸狭隘、唯利是图，甚至忽略客户的利益，从而走上一条艰辛之路。

帮助客户解决问题，就是解决自己的问题；维护客户的利益，就是维护自己的利益。你怎么对待客户，客户就怎么对待你。当你帮助的人越来越多的时候，赚钱只是水到渠成的事情。

阿里巴巴——让天下没有难做的生意；滴滴——随时随地享受便捷出行；美团——轻松搞定吃喝玩乐。每一个伟大的公司，都帮人们解决了一个社会问题，从而获得了巨大的成功。

如果我们创业只是为了简单的模仿，或者世俗的逐利，我们就会陷入恶性竞争的漩涡。一旦遭遇挫折，我们就会心灰意冷、丧失斗志，创业的风险也会大大增加。

相反，如果我们肩负重任、真诚付出，为客户的期许而奋斗，我们就会拥有源源不断的动力，有勇气去战胜一切困难，我们的创业风险自然就会大大降低。

对每一个初创企业，如果在夹缝中勉强生存，只能算是一种苟活；如果为客户的利益而活，则多了一分勇气和力量。从另一个角度来说，以利他精神奉献社会，成就自我，刚好符合马斯洛需求层次的最高追求，即自我实现。

创业，需要善于观察，用心感受。当货车司机正为业务量少而烦恼时，货拉拉出现了；当你懒得去餐厅就餐时，饿了么诞生了。人们在生活中未被满足的需求，或许就是我们创业的机会。

机会，就是寻找痛点，帮助客户摆脱痛苦。当我们找到一个客户痛点时，需要问自己：这个痛点足够痛吗？客户会为这个痛点埋单吗？它的市场容量大吗？

当你得到一个肯定的答案时，不要急着大胆冒进。这时，你需要做低风险测试，测试通过后，你才算找到了一个不错的机会。

我们进行低风险创业的第二个重要内容是，打造自己的"护城河"。

当你找到了一个很好的机会，事业刚刚有了起色的时候，某个"聪明人"盯上了你的项目。他比你有资源、有实力，准备复制你的项目。这时，你应该怎么办？

如果你的项目能够被轻易复制，证明你没有打造自己的护城河。一个没有"秘密"的企业，相当于完全裸露在公众视野中。大家都能做的事，最终会沦为被争相模仿的对象，而你只能赚一点微薄的辛苦钱。

从另一个角度而言，如果你发现了一个机会，却害怕被别人知道，那么证明你不具有竞争力。真正优秀的企业是需要竞争生态的，因为只有竞争才有活力，才能进步。

所以，害怕竞争、躲避竞争，都是不自信的表现。大家最终都需要依靠实力生存，而你的实力，就是你的护城河。其实，一个企业真正的秘密是不怕别人知道的，即使你知道了，你也学不会。

你知道了可口可乐的配方，你也不可能再造一个可口可乐出来；你发现了海底捞火锅的全部秘密，你也不可能再复制一个海底捞出来。这是因为，任何商业秘密离开了特定的环境和背景都是难以复制的，就如世界上从来都没有完全相同的两条路一样。

那么，我们怎样才能打造自己的护城河呢？我们应该结合自身情况，以独特的亮点作为突破口，比如技术、资源、品牌、运营、用户、价格等，找准点，深挖掘，构筑壁垒，保持长期优势。

在竞争策略里，有一个十倍原则，即当我们的产品或服务是竞争对手十倍好的时候，我们就是客户唯一的选择。所以，我们最坚固的护城河，就是我们的基本功、真功夫。

打造护城河是一个循序渐进的过程，我们如何才能确定自己找到了打造护城河的秘密呢？主要关注以下两个方面：

（1）产品价值，即客户是否对产品或服务十分满意。比如，网上曾经有一个"55度杯"，就是把100℃的开水倒进去，摇几下就变成了55℃可以直接饮用的温水。它解决了即时饮水需要等待的痛点。仅仅这个单品，就创造了几十亿元的销售额，这就是价值爆品的神话。

（2）客户增长，即客户是否愿意推荐产品或者服务给他的朋友。这一点至关重要，因为客户愿意推荐，证明客户从内心深处认可产品的价值，这会为你带来巨大的客户增长量。

在《巴菲特的护城河》一书中，作者对无形资产、转换成本、网络效应、成本优势、规模优势等护城河五要素进行了详细、全面的阐述。如果你想打造一家"有秘密"的企业，本书值得一看。

同时，与巴菲特观念相左、被誉为硅谷钢铁侠的埃隆·马斯克，勇于创新，敢于突破，不断创造神话。如果说马斯克的思想是向前、向前、向前，那么巴菲特的思想就是保护、保护、保护。你应该听谁的呢？

你不是巴菲特，也不是马斯克；你既要守住城池，又要不断创新。结合自身情况，以可接受的最低风险大胆试错，走出来，活下去，才是最重要的事情。

【极速小语：只想赚钱的创业者，是很难赚到钱的。愉快地解决一个社会问题，并打造自己的护城河，是实现低风险创业最重要的内容。】

5.4 做到这四点，轻松实现低风险创业（下）

曾经有两次创业经历，都让我输得一败涂地。如果我能提前看到塔勒布的《黑天鹅》一书，我大概就不会那么痛彻心扉了。

读书是一件很神奇的事情，平时可能看不出什么效果，在关键时刻却能发挥关键作用。一本书几十元，因为错失一本书，可能亏损上千万元，这是我对读书价值最深刻的体会。

当大家都认为天鹅是白色的时候，黑天鹅出现了；当你觉得自己的项目前程一片大好时，意外事件出现了。大量不确定性的存在，提醒着我们要时刻警惕"黑天鹅"事件的出现。

我们进行低风险创业的第三个重要内容是，学会设计反脆弱商业结构，有效抵御不确定性风险。

什么是脆弱呢？就是抗风险性较差的薄弱环节。什么是反脆弱呢？就是提前制定应对策略，从而有效规避不确定性风险，甚至在风险中受益。

比如，2020年新冠肺炎疫情暴发，很多企业因为无法营业而纷纷倒闭，而有的企业早就实现了线上销售，其销售额比之前还要高出几倍。一些餐饮店通过直播带货度过了最艰难的时刻，这些具有反脆弱性的商家，最后成了劫后余生的赢家。

胶片相机遭遇了数码相机，非智能手机遭遇了智能手机，出租汽车遭遇了共享汽车，每一次"黑天鹅"的出现，都是对脆弱企业的沉重打击。反脆弱商业结构应该怎样设计呢？

（1）加强成本控制，放大收益上限。

除了个别特殊行业，对于一般性创业项目而言，如果从产品设计到市场测试，花费 30 万元不能跑通整个流程，基本上就不是一个好项目。

一些创业者动不动就先建个厂房，买一条生产线，添置几台设备，市场还没有启动，几百上千万元就投进去了。一些从未做过餐饮行业的朋友，仅装修就投入上百万元，这些"大手笔"的操作，往往蕴藏着巨大的风险。

股神巴菲特的办公室有多大呢？大概 16 平方米，并且是租来的。他的公司有多少人呢？巴菲特的回答是：18 人。这样一个公司，却管理着几千亿美元的资产。反观有些创业者，讲究的是排场，拼的是人多，好像没有这些，都不敢说自己在创业一样，实在令人费解。

2017 年的时候，我和朋友及一些"空降兵"组建了一个电子商务公司。这些"空降兵"蛊惑了我的朋友。他们"画饼"技术一流，在市场还没有起色的时候，就投入了大量的资金用于办公室装修、设备购买、人员招聘等。最后，我和朋友各自亏损几百万元离场。

我的经验是，对于一个创业项目，如果前期就需要投入大量资金，你一定要慎重考虑，因为每一分钱，都应当且必须花在产生客户和利润的"刀刃上"。如果不出意外，你花 30 万元解决不了的问题，即使投 300 万元进去，也无济于事。

设计反脆弱商业结构的核心在于，将失败成本控制在最低，并不断放大收益的上限。我们一定要善于借助外力，比如采用租赁、外包、兼职的形式。当我们准备花钱的时候，一定要问自己三个问题：

① 这项投入必要吗，可以外包吗？

② 如果市场出现问题，这些投入怎么收回？

③如果把这笔钱投在核心业务上,是不是更有价值和意义?

当成本很低,收入却可以不断放大时,这就是一个反脆弱的低风险项目;相反,投入成本很高,收益却存在一定的上限,这就是一个高风险项目。

在创业中,我们千万不要被那些创业冒险家的传奇故事冲昏了头脑。那些人和事不仅少之又少,而且还被赋予大量感情色彩。其实,绝大多数冒险者是没有故事的,因为他们早已"葬身大海"了。真正的企业家不是善于冒险,而是善于控制风险,一切没有在安全区域内冒险的创业者都是在玩火。

(2)洞察市场,捕捉非对称交易的机会。

非对称交易指的是寻找"可控的风险"和"相比风险大得多的收益",即风险和收益不对等的交易。

在现实世界,大多数情况下,事物都是按照曲线发展的,所以才产生了大量的不确定性和随机事件。我们了解了非对称交易,就获得了低风险创业的机会。

以前的房地产开发商先用极少的保证金参与土地拍卖,再拿着凭证到银行办理抵押贷款,接着开始设计楼盘,找建筑商建房,然后就开始售楼。这种投入少量、有限的费用就可以赚取高额差价的交易,就是非对称交易。

非对称交易意味着有限的损失、极高的收益,而对称性交易刚好相反,意味着有限的收益、极大的风险。

我们只有洞察市场,善于捕捉非对称机会,才能获得丰厚的回报。比如,股票市场刚刚兴起的时候,买入少量股票,就能获得几十倍、上百倍的收益;知识付费能以极低的成本,获得丰厚的收入;直播能以有限的投入,获得无限的可能等。

(3)拥有选择权,才能反脆弱。

告诉你一个真相,当你认为创业需要义无反顾、坚持到底的时候,你可能正在走向一条不归路。事实上,你熟知的很多世界级商业明星,比如史蒂夫·乔布斯、比尔·盖茨、埃隆·马斯克等,都是一边工作、一边创业的。如果创业成功了，就继续下去；如果创业失败了，就接着工作。

创业是在寻找成功的机会，它不需要我们破釜沉舟，只需要我们努力探索。我们常常讲的坚持，其意义在于，在能力范围内，全力以赴地把正确的目标实现。而创业的目的，应该是保存自己的实力和可选择性——留得青山在，不怕没柴烧。

那些"不成功，便成仁""成败在此一举""坚持到底，没有退路"的创业者，一不小心就会染上"赌徒"的习性——要么输，要么赢，没有第三种选择的缓冲区——迟早会把自己逼上绝路。

当你把所有的资源都押在一个创业项目上时，你需要问自己：如果这个项目失败了怎么办？我能承受吗？我还有其他选择吗？

是否具备选择权，是脆弱与反脆弱的区别。正确的做法是"骑驴找马"，在安全的区域里保存实力，才有机会奋起一搏，赢得胜利。

我们进行低风险创业的第四个重要内容是，提高生存力，警惕能力陷阱和资源陷阱。

在这个社会中，人们都是靠实力生存的。无论你拥有什么能力或资源，你都需要靠实力去匹配相应的生存环境；否则，你随时都有可能被社会淘汰。

能力，既可以让你得到，也可能让你失去；你今天的能力，也许会成为你明天的阻碍。资源，既可以让你富足，也可能让你依赖；你今天的资源，可能成为你明天的眼泪。

你正拥有的，正在让你失去；你所害怕的，正在赶来的路上。不断成长，提高生存能力，才是你进行低风险创业的最大保障。

【极速小语：活下来，才有机会。在可控的低风险领域，不断提高生存能力，是创业最重要的任务。】

5.5 初创企业能赚到的钱，几乎都藏在这里

创业项目怎么样，客户最有发言权——你为客户创造了多少价值，他们就愿意付你多少钱。价值是衡量项目优劣的唯一标尺。作为创业公司，能从哪些地方赚到钱呢？

有一天，一个朋友兴高采烈地给我送来一个自创产品，是一个带养生功能的水杯。他让我提建议，我说运气好的话，可能会畅销5~6个月，抓紧时间干吧！

产品的成本是50元，他发给经销商的价格是90元，利润还是比较可观的。刚开始那一段时间，这款杯子真是卖疯了，可是从第三个月开始，销量逐渐下滑。原来，山寨产品出现了，并且只卖80元。他为了保住销量，只好降价到75元。

接下来的第4~7个月，各路山寨产品陆续登场，他只好把价格降到了60元。但是从第8个月开始，他有点绝望了，因为市场上的价格几乎都是55元了。

随着竞争的加剧，产品的红利逐渐消失，利润越来越薄了，最后剩下5元差价的时候，市场就逐渐稳定了，这5元只能算是辛苦费了。

后来，他找到了材料源头，并且从生产工艺上进行改良。他竭尽全力，把杯子的成本从50元降到了40元，其他山寨产品只能望而却步了。朋友的

这种能力，叫作成本创新，又叫效率创新，这是创业者的第一个赚钱能力。

爱迪生发现了更好材料的灯丝，改良了灯泡；福特发明了生产线，改良了汽车；小米不断优化技术，改良了电器产品。如果你能用一套方法提高效率、降低成本，你就能获得效率创新的奖赏。

很多创业者有一款好产品，就以为自己有核心竞争力了，这是一个非常危险的想法，因为产品随时都会被超越和替代。只有持续做出好产品的能力，才是你的核心竞争力。

创业者的第二个赚钱能力，叫作产品创新。比如，你每3天要打扫一次家庭卫生，每次需要2小时，而你的时间成本是100元/小时。如果现在有一个扫地机器人，只需要800元，你是很乐意买的，因为你赢得了打扫卫生的时间。哪怕它只能帮你分担一部分工作，依然是很划算的。

产品创新的核心是帮助客户节约成本，或者创造额外价值，比如手机增加了拍照功能，微信增加了语音视频功能，饮水机增加了净化功能等。你的产品有什么创新吗？

创业者的第三个赚钱能力，叫作模式创新。著名经济学家罗纳德·哈里·科斯因提出"交易成本"的概念，荣获了诺贝尔经济学奖。所谓交易成本，是指交易过程中产生的成本损耗。

比如，以前传统的代理模式，一件成本100元的衬衣，从厂家到总代、省代、市代、县代，再通过广告等营销方式，最后到客户手里，其售价就变成了500元。现在在网上购买同一件衬衣，从搜索到购买，只涉及比较、沟通、支付、运输、售后等成本，其售价可能就变成了300元。

还有没有办法让交易成本进一步降低呢？当然有。于是，厂家开通了直播，再砍掉一些中间环节，比如从展示到成交，一键搞定，这件衬衣可能售价150元还包邮呢！可见，只要能降低交易成本，你就能获得客户的支持。

创业者的第四个赚钱能力，叫作颠覆创新。说得简单一点，就是你今天满足客户某种需求的能力，被更强大的能力替代了。

比如，以前传递信息主要靠写信，接着发展为座机电话、大哥大、中文传呼机；后来，小灵通、非智能手机、智能手机逐渐涌现出来，不仅更便捷，功能也更强大了。以前的需求得到了更好的满足，落后的能力慢慢退出了历史的舞台。

作为创业者，你一定要想一想：你的产品或服务可以对既有的能力进行颠覆吗？你能更好地满足客户的需求吗？只有具备更强大的能力，才能拥有持续的竞争力。

创业者的第五个赚钱能力，叫作系统创新思维。它是由以色列国家创新研究院的阿姆农·列瓦夫和他的伙伴提出来的。他说："创新可以复制，灵感可以生产。"

是什么阻止了我们的创新呢？结构性和功能性思维定式是最常见的"拦路虎"。真正的创新，就是用有效的、积极的、不同的思考方式和行为方式，创造出新的、可行的、有价值的东西。

系统创新思维具体有五种策略：减法策略、除法策略、乘法策略、任务统筹策略和属性依存策略。它们利用删除、重组、复制、赋予新任务、安装进度条等方法进行创新，我们以手机为例，简单讲解一下减法策略。

手机有哪些组件呢？主要有屏幕、键盘、电路板和电池。如果把键盘减掉会怎样呢？摩托罗拉用减法策略，发明了没有键盘的手机 Mango，也就是儿童手机——它只能接听，不能拨打。结果，Mango 手机成为当年（1995 年）最具创意的营销策略之一。

巴菲特曾说："如果你来中东寻找石油，你可以忽略以色列；如果你在寻找智慧，那么请聚焦于此！"以色列提出的系统创新思维，对企业的创新能力具有极大的启发意义，大家可以更加全面深入地进行学习和思考。

初创企业，一定要学会"先抄后超"，即结合自身情况，先对成功企业的商业模式进行"像素级"模仿，待站稳脚跟后，再不断优化、大胆创新，这是企业发展最重要的策略之一。

【极速小语：创新是企业的生命力，也是企业最好的护城河。你能赚到的钱，几乎都藏在创新里。如果企业只有一件事要做，那就是创新。】

5.6 价值千金，如何抓住机会打造一家值钱的企业

有时候，创业者就像一只游水的鸭子，既要在水面下拼命地划水，又要在水面上保持平稳与冷静。经过多年的奋斗，我充分地感受到了创业的艰辛与不易。

创业，就是在机会中成长、在价值中壮大的。随着竞争的日益加剧，一些商业趋势越来越明显。作为创业者，以下五个机会需要好好把握。

第一个，消费升级。消费升级就是各类消费支出在消费总支出中的结构升级和层次提高，直接反映了人们的消费水平和发展趋势。

说得简单一点，它就是人们对美好生活的一种向往和需求。比如，更便捷的出行需求，诞生了共享汽车；更物美价廉的团购需求，出现了拼某某；更生态的酒店居住需求，出现了民宿等。

消费升级不仅体现在更好的体验上，还体现在对品质和价格的改造上。比如，某高档滋补产品，原来售价100多元1小盒，后来在保证品质的情况下，降低了某成分的含量，价格降到了20多元，销量陡增，从而让更多人有能力享受到这款产品，这同样是消费升级。

在设计产品时，作为创业者的你，是否围绕消费升级考虑过产品创新、市场规模、覆盖人群、消费心理等因素呢？

第二个，深度结合互联网。以前购物，需要到实体店；现在购物，几乎都可以在手机上轻松搞定。以前的销量，是简单的加减乘除；现在的销量，很容易实现指数级增长。以前的品牌，需要日积月累地在电视、报纸上打广告；现在的品牌，一夜之间，就可以在全网爆红。

可见，只有深度结合互联网，才能实现快速增长。比如，随着外卖业务的发展，一些广告公司转型专做餐饮公司的营销设计服务，获得了更大的市场增量；一些小众品牌深度挖掘外卖用户的需求，开发了新的产品，如饮料、佐料、小吃等，在短时间内就获得了飞速的发展。

时代变了，趋势变了，渠道变了，流量变了，消费习惯变了……很多品牌都是在互联网上火了之后，才逐步拓展线下店的；同时，线下店又会成为线上店的展示平台、体验中心、招商渠道和直播基地等。

综上所述，我们一定要根据产品的属性，深度结合互联网，研究产品线下与线上的融合机会，才有可能以最小的代价，获得最大的回报。

第三个，个体的崛起。随着互联网传播速度的加快，以个人为中心的商业机会涌现，通过打造IP（知识产权），更加鲜活生动的个人品牌将获得更多的机会。在未来，个人就是产品的入口，个人就是一个商业中心。

从微信、公众号、微博、小红书、短视频到直播，大量的平台为个人的发展创造了机会。随着对流量的争夺，私域流量将变得越来越重要。作为创业者，应该重点考虑如何把自己的员工打造成网红，让每一个工作人员都成为公司的流量入口。

比如，某休闲零食公司原本每年都要投放大量的广告，随着短视频的崛起，公司成立了直播营销部，把60多名员工全部打造成直播达人，不仅大大降低了广告费用，销量还获得了3~5倍的增长。

第四个，产品年轻化，爆品化。"80后"是互联网的原住民，"90后"是移动互联网的原住民。消费主体代表了未来的消费趋势，关注"80后""90后"，甚至"00后"的消费习惯，才能牢牢地抓住市场。

年轻化的产品主要体现在好看、好玩、好用。其中，好用是基础，好看、好玩逐渐成为刚需。年轻人是否会拍照上传你提供的产品？是否愿意发圈分享？产品的"可晒性"如何？这些都是衡量一个产品好坏的重要标准。请记住，你的产品有多牛不重要，客户拥有你的产品有多牛才重要。

设计年轻化产品，千万不要闭门造车，要多与年轻人接触、沟通，听听他们的想法和建议，关注他们的行为习惯，把握其消费心理，了解他们内心真实的需求和变化，才能获得更多的灵感和创意。

特别强调一点，"产品为王，爆品先行"，没有爆品的企业是没有生存力的。企业必须将爆品战略作为第一大战略，建立以用户为中心的爆品研究中心，重点打造爆品。请记住，用户痛点是油门，产品尖叫点是发动机，用户口碑是变速器！

第五个，文化赋能及创新。中国上下五千年的历史，文化是其生生不息的原动力。同样，文化也是一个产品的灵魂，被赋予文化的产品，才富有鲜活的生命力，才会被人津津乐道、广泛传播。

在《超级符号原理》一书中，作者讲到了文化母体。它是一种永不停息、不可抗拒、必然发生的，根植于人们内心的文化符号和仪式，比如历史故事、诗词歌赋、生肖文化、俚语谚语等。

在设计上，如果能够结合产品特点，加入文化母体的基因，就能引起消费者的内心共鸣，从而加强品牌记忆，达到更好的营销效果。

文化赋能就是取势。真正厉害的人，都是顺势而为、取势的高手。同时，依托于文化，对一成不变的文化进行创新，让消费者眼前一亮，增加消费者对文化创新的体验感，让产品有趣、有料，更好玩。

比如，某餐饮公司把店铺装修成历史上某个朝代的风格，客人需要穿上古装才能就餐，店小二全是古代人物。这家店铺吸引了大量的客人打卡拍照，达到了自动传播的效果，是一个非常成功的案例。

不同的创业者在不同的赛道上奋力奔跑着，但是只有有价值的企业才有旺盛的生命力。为了获得可持续的发展，在企业价值的设计上，我们要遵循"三个重要"：

（1）盈利可持续，成长可持续比短期盈利更重要。

（2）一生一世的生意比一生一次的生意更重要。

（3）行业第一、品类第一比单纯的产品竞争更重要。

同时，有的企业是赚钱的企业，有的企业是值钱的企业；赚钱的企业不一定值钱，值钱的企业才有真正的价值。值钱的企业有以下五个标准：

（1）具有成长趋势的产业——有足够大的市场容量。

（2）一支战之能胜的团队——理想的合伙人及合伙制度。

（3）有强大的核心竞争力——用护城河提高竞争门槛。

（4）拥有先进的商业模式——增长策略先进、科学、合理。

（5）优势增长速度和规模——借用资本力量强化增长力。

最后，我们要明白，市场瞬息万变，机会稍纵即逝，我们只有做一个持续学习、不断精进、善于思考、重于实践的创业者，才能发现机会，创造价值。

【极速小语：不同的基因，决定了企业不同的未来。培育企业的优良基因，是企业发展壮大的第一步。】

5.7 为什么优秀的创业者，都在这么做？

很多创业者有激情、有梦想，很努力、很上进，但令人费解的是，他们中的绝大多数都没有取得成功。他们究竟做错了什么？

首先，他们很忙。"忙"成了他们的标配，从早上醒来到晚上睡觉那一刻，几乎都在忙碌中穿行。他们忙着工作，忙着学习，忙着见客户，忙着奋斗……他们太忙了，就像一个不停旋转的陀螺，可是几年忙下来，他们的事业并没有什么起色，也没有积累真正的价值。

其次，他们很急。他们急于求成，一口井，才挖了 3 米，就想喝水了；一个项目，还没怎么努力，就觉得进展太慢了；一个产品，才打磨了 2 次，就觉得方向不行了。都说心急吃不了热豆腐，但是，他们就好这一口。

再次，他们很慌。小 A 出了一款产品卖爆了，小 B 上个季度的业绩增长了 60%，小 C 的公司刚刚获得了 3000 万元融资。当发现别人取得一些不错的成绩时，他们就坐不住了。他们总喜欢研究别人，但研究的不是成功的方法，而是别人的资源、人脉、捷径等。在他们眼里，只要把对方的"秘密"照搬过来，就万事大吉了。

最后，他们很喜欢一个字——快！天下武功，唯快不破！

他们嗅觉灵敏，善于捕捉"商机"；他们"努力奋进"，对速度有着极致的追求；他们急于成功，没有太多的耐心去等待；他们"争分夺秒"，忍受不了迟来的喜悦。

一旦工作不太顺利，他们就会对自己的项目产生怀疑；一旦别人进步神速，他们就要去照抄照搬；一旦听说某个项目能赚大钱，他们就会蜂拥而上，唯恐落后。

我有一个同学，他是一个极其聪明的人，总能站在不同的视角，发现别人发现不了的问题，大家一致认为他很优秀。

当淘宝刚刚兴起的时候，他说，这玩意儿就是个噱头，没有几个人愿意到网上购物；当公众号初露端倪的时候，他说，写文章太啰唆，不喜欢这种调性；当短视频风起云涌时，他四处学习、八方拜访，最后得到的结论是，做短视频的成功率不到1%。

10年间，他从事了很多行业，但没有一个做得成功的。相反，那些"很傻"的朋友，在很多领域坚持做下去，都取得了理想的成绩，而且，这些朋友看上去都没有他那么"优秀"。

很忙、很急、很慌、很快，成了一些创业者的常态。我们应该怎样做，才算一个真正优秀的创业者呢？

第一，认真思考，发现独特，做大做强。

认真思考，就是为了下定决心。我们在创业过程中会遇到很多问题，遭遇很多挫折。当我们没有坚定的方向、正确的战略、清晰的思路时，我们很可能半途而废。只有经过认真的思考，我们才能不畏艰辛，毅然前行。

很多时候，复制、模仿别人的成功只会抹杀自己的强大。我们不要成为别人，而要成为自己，找到自己的独特之处，在自己的能力范围内，专业、专一、专注，创造不同，做出特色，才能开辟新的天地。

第二，以10倍努力，做一个真正的聪明人。

创业没有捷径，成功无法速成。有些人还没有学会走路，就想极速奔跑；还没有学会扎马步，就想飞檐走壁。如果没有练好基本功，怎能练就绝世武功呢？

为什么赚钱这么难？因为很多人都忍受不了慢慢变富。很多创业者只要业绩不好，就想换个轻松的行业，可一旦转行，就意味着从头开始、重新摸索，未知的风险依然存在。如果核心的问题没有解决，就算换100个行业，依然很难成事。

所有聪明的人，都在苦练内功、积蓄能量。与其不断地寻找机会，不如在同一行业持续深耕，因为所有的资源、经验、人脉都在不断夯实我们的基础。如果我们不能在同一个方向形成价值叠加，则很难实现突破。

在自己的领域，以"1米宽，1000米深"的决心，深挖战壕，建立壁垒，才能形成绝对的竞争力。在残酷的商业角逐中，如果别人做到90分，你就要做到98分以上；如果别人付出了3倍努力，你就要付出10倍努力。只有绝对的付出，才有绝对的优势。

第三，一生一件事，以10年时间来审视一件事的价值。

10年后，这件事会带给你什么价值？如果这是一件有意义的事，坚持做下去就行；否则，请果断放弃。很多人短时间能做一件正确的事，但很难一辈子坚持做一件正确的事。

其实，许多人无法成功并不是因为没有能力，而是缺乏毅力。当人心浮躁、急功近利的时候，平心静气、坚持不懈才显得格外珍贵。放弃3分钟热度，用10年的时间深耕细作，你才能发挥惊天的力量。

有的人，什么都想做，却什么都做不好；有的人，不想慢慢变强，只想以弱胜强；有的人，没有一夜暴富的实力，却喜欢做一夜暴富的梦。

有的人，一辈子只想做好一个菜；有的人，一辈子只想做好一件衬衣；有的人，一辈子只想做好一款手机。成功，没有诀窍，只要坚持做好一件事就好。

【极速小语：曾国藩说："唯天下之至拙，能胜天下之至巧。"真正智慧的人，从不投机取巧，他们都在笨拙地修炼基本功，磨炼真功夫。】

5.8 以藏茶为例,分析一个项目的机遇与挑战(上)

某天,一个做茶叶生意的朋友兴致勃勃地给我送来了一些茶,迫不及待地让我品尝,还神神秘秘地问我口感怎样。他满怀期待的眼神告诉我,这茶叶一定不简单。

这种茶的茶汤呈褐红色,晶莹剔透,香气醇厚,我喝了一小口,甘香浓郁,香醇顺滑,真是难得的好茶!我忙问道:"这是什么茶?"

原来,这种茶叫作藏茶,产自四川雅安。公元641年,文成公主与松赞干布和亲时,藏茶作为皇家礼物,由文成公主带到吐蕃(今西藏),后来深受藏族同胞的喜爱,故称之为藏茶。

朋友对我说,藏茶是历史之茶、生命之茶、传奇之茶、健康之茶,他给我普及了一整天的藏茶知识。我惊叹不已。本着严谨务实的态度,我查阅了藏茶的相关资料,一幅气势恢宏的画面渐渐浮现在我的眼前,不知这样的藏茶是否也能让你心动。

公元641年,文成公主将藏茶带入吐蕃。由于青藏高原的吐蕃人(今藏族人民)长期以牛羊肉为食,藏茶具有化解油脂、调理肠胃、补充维生素等功效,因此在吐蕃大受欢迎。随后,唐朝和吐蕃达成协议:唐朝用茶叶来兑换吐蕃的战马,从而达到互惠互利的目的。

随着历史的推进，逐渐形成了一片空前繁荣的"茶马互市"景象。宋朝还设立了茶马司，专门管理藏茶和战马的交易，并制定了"茶马法"。战马是古代战争最重要的工具之一，由此可见藏茶的珍贵性。

古代没有现代交通工具，只能靠人力把藏茶从雅安背进藏区，这条运送茶叶的通道，就是历史上著名的"茶马古道"。

茶马古道路途遥远，坎坷难行，匪盗出没，背夫们不惜冒着生命危险把藏茶背进藏区。西藏谚语说道："宁可三日无粮，不可一日无茶，一日不食则滞，三日不食则病。"可见，藏茶早已成为藏族人民的民生之茶，生命之茶。

明朝皇帝朱元璋为了加强对西域少数民族的控制，对茶马互市进行了官方垄断，禁止商人买卖藏茶，其女婿欧阳伦因私卖藏茶而被处死。藏茶的重要性上升到了空前的政治高度，成为明朝控制西域等少数民族的重要政治砝码。

1890年，英国派军队入侵西藏，妄图通过控制藏茶达到控制西藏的目的，并迫使清朝政府签订了《中英会议藏印条约》。

由于藏茶的特殊作用和政治地位，唐、宋、元、明、清等政府对藏茶进行了严格的控制。1951年，西藏和平解放后，随着民族团结、地区关系的稳定，国家逐步放开了藏茶的相关政策。

2004年，国家正式对藏茶进行了政策的解冻，使藏茶慢慢走进大众的视野，更多人有机会品尝到藏茶。2008年，藏茶被列为国家级非物质文化遗产。

据央视报道及专家解读，藏茶具有降血脂、降血糖、抗氧化、抗辐射、清洁肠道、调理肠胃、增强免疫、美容养颜等养生功效。

藏茶是黑茶的鼻祖，在中国传统6大茶系中，藏茶是需要经过5大工序、32道工艺，约6个月时间才能出品的全发酵茶。同时，藏茶也是"可以喝的古董"，越存越香，越存越贵。

藏茶是一种极其珍贵的茶叶，其厚重的历史文化深深地震撼着我。我建议朋友先测试一下市场。2年后，朋友再次找到我，说他并没有达到预期目标。看来，他遇到了发展瓶颈。现在，我们以创业者的角度来分析一个项目的机遇与挑战。

就产业背景而言,藏茶有1300多年的历史,其文化底蕴深厚,目前的销售渠道主要在青藏地区。由于存量市场比较稳定,营销方法比较传统,其市场化竞争并不充分。

从品类上来看,藏茶的身份特殊,一直被古代各朝政府所控制。时至今日,仍然有很多人没有听说过藏茶,甚至从名字上会误认为藏茶是西藏地区产的茶叶,是西藏人民才喝的茶。

从营销学角度而言,藏茶定位精准,凸显了其民族特色,但这是一把双刃剑,无形中增加了客户的教育成本,而营销只有顺势而为,才能达到事半功倍的效果。

从茶叶市场分析,茶叶属于分散性市场,其地区产业优势明显,但很难形成头部市场,加之没有规模化效应,世界级的著名品牌非常少。

从大健康角度来看,藏茶作为日常饮品,其养生效果喜人。虽然藏茶的养生功效众多,但是没有精准的营销定位,就解决不了客户的痛点,这也是藏茶营销需要关注的重点。

最后,除了藏族同胞天天饮用藏茶,其他饮用藏茶的朋友,绝大多数都是茶叶爱好者,他们很多都是从茶叶消费群体中分流出来的。藏茶并没有撬动新的消费群体,没有产生新的市场增量,它的美好未来,究竟在哪里呢?

【极速小语:文化底蕴深厚的藏茶,被蒙上了一层神秘的面纱,而营销的任务就是发现强大,传播强大。】

5.9 以藏茶为例,分析一个项目的机遇与挑战(下)

藏茶虽好,但我们可不能陷于"自嗨"的状态,因为它还是一个原生的、未经普及的茶叶品类,从客户的认识、了解、接受到喜爱,还有一段很长的路要走。

如果你向我推荐铁观音、大红袍,没有问题,我的接受度很高;但如果你向我推荐藏茶,我心里问号就比较多了,就像某凉茶还没有名声大噪的时候,你让我喝凉茶,我就感觉有点懵。

如果烧开一锅水需要三根大木柴,而你只有一根火柴,那就比较困难了。蜻蜓点水、微风细雨地做营销,是没有威力的,只有狂风暴雨,才能摧枯拉朽。所以,任何一小股力量试图拉动一个品类的市场,无疑都是蚂蚁拉车,有心无力。

藏茶的普及教育,需要一场"龙卷风",更需要连绵的细雨。当"龙卷风"还没有来的时候,作为一个创业者,如果你看中了这个项目,你会怎么做呢?

第一,设计一个好商标,如果你觉得藏茶普及成本偏高,完全可以根据市场定位,在产品名称上"去藏茶化",因为只有在认知上、记忆上、传播上更符合人性的产品,才会获得市场的青睐。

第二,打造爆款产品。很奇怪,有些创业者连一个爆款产品都没有,就匆匆忙忙地披挂上阵了。请问，客户为什么要买你的产品呢？你拿什么和同行竞争呢？

根据藏茶的产品属性，通过对人、货、场的设定，你是否可以打造一款令人尖叫的产品？比如，餐饮环境中的解油腻产品、肥胖人群的减脂产品、三高人群的健康伴侣等。当客户忍不住拍照发圈，或者情不自禁地向朋友推荐时，这个产品就算成功了。

第三，应用新技术，创造新品类。除了根据藏茶功效的不同定位，开发一系列的健康产品，你是否可以利用新技术，开发藏茶周边的新品类？

通过头脑风暴，开发一些高频消费产品，然后以高频带动低频，扩大受众人群，就能获得更广阔的市场。比如，开发藏茶的饮料、藏茶奶茶、藏茶洗发水、藏茶泡脚料等。

第四，创新商业模式。一般的茶叶采取线上店、线下店、直播、旅销、分销等商业模式，根据藏茶的生态化路线，可以采用直营、加盟、托管、众筹、众销、众创、股权捆绑等创新商业模式，与资本市场深度结合，走高速的产业发展之路。

第五，营销立体化，人群年轻化。在高速发展的商业社会，好产品很容易被模仿，新品牌也可以迅速覆盖全网。渠道是企业的关键竞争力，只有探索多元化营销渠道，才有机会让藏茶遍地开花。

我一直以为保健品是老年人的专利，直到我发现年轻人居然也在默默地吃着保养品，只不过其表现形式更加时尚化。所以，开发更契合年轻人的藏茶健康品，就可以获得更大的增量市场。

第六，因地制宜，筑巢引凤。藏茶的发源地在四川雅安，这里是大熊猫的发源地，也是中国的茶都，其旅游资源得天独厚，游客来来往往、络绎不绝。此刻，你想到了什么呢？

对，你可以以藏茶为主题，打造旅游观光、藏茶体验、网红打卡、戏剧演出等项目，通过各种营销方法和客户建立联系，并不断输出藏茶文化和产品，持续打造影响力。

当然，不同的创业者，面对同一项目的思路是不一样的，其产品、营销、渠道也不尽相同。我们应该选择哪种商业模式呢？以下步骤可以作为参考：

第一步，按照低风险创业模式，确定切入方式，以最低的投入开展项目，避免产生较大风险。

第二步，对产品、渠道、商业模式进行小范围的测试，跑通整个流程，确定最优方案后逐步加大投入。

第三步，采用模仿、改进、扩张的模式，对竞争对手成功的模型进行模仿，成熟后再改进优化，建立根基后再以点带面，稳扎稳打，逐步扩张。

同时，作为创业者，应该积极与政府建立良好、健康的合作关系，联合当地政府举办一些行业会议，争取在政策扶持、人才培育和文化输出等方面得到政府的大力支持，从而借势获得快速的发展。

今天的藏茶，充满了无限的机遇和挑战，集万千宠爱于一身，就像当年的普洱茶一样。不过它还是襁褓中的婴儿，只有做好蓄势待发的准备，才能迎来势如破竹、蓬勃发展的少年时期，这个过程还很长，或许也很快……

藏茶饱经1300多年历史的沧桑和岁月的洗礼，是友谊的使者，也是一个身披五彩霞光、肩负健康使命的少女。她从美丽的历史画卷中款款走来，正在寻找心中的盖世英雄。

在朋友的建议下，我们购买了"文成公主"商标，也注册了"皇家藏茶"商标，或许，我们以后会和藏茶有一段精彩的故事。

【极速小语：打造藏茶品牌，前期需要做好文化的传播和人才的引进，中期需要突破地区品牌的限制，后期需要走向更广阔的国际舞台。】

5.10 我是如何从"踩坑大王"到不断成长的(上)

小时候,当我看见房屋的破洞时,我想:什么时候我才能把房子修得更漂亮些呢?当我看见父亲外出打工的时候,我想:什么时候我才能不让爸爸这么辛苦呢?当我看见母亲操持着整个家务时,我想:什么时候我才能帮妈妈分担一点呢?

那时,在各种美好的期望和渺小力量的驱使下,我总爱翻阅各种书籍,寻找"致富真经",于是就有了我大一到福建考察养殖项目的经历。

从第一次创业的蠢蠢欲动到完美失败而收场,我明白,比起创业的冲动,我们更需要系统的思维和周密的部署。想得美,不如做得好,任何一个项目没有详细的计划,都不要急于开始。

为了追求成功,我总是刻意地改变自己。性格内向,我就选择一份销售的工作;口才不好,我就训练自己的演讲能力。只要你想改变,没有人能阻挡你的脚步。

大学毕业的时候,我飞速踏入医药行业,并火速把借来的钱亏得干干净净。我住在出租屋里,债主天天催款,房东天天催租,我一天得崩溃好几次。

当时,我对成功的定义就是有钱,并且对成功抱有不切实际的幻想,以为依赖一些人脉和资源就能做好业务。事实证明,这种想法真是太肤浅了。

这段经历告诉我，做事不能急功近利，创业时，如果我们眼里只有钱，是非常危险的。

后来我才明白，做任何事情想走捷径，就意味着主动踩坑，无非是坑大坑小、什么时候踩的问题。别人能做的事，我不一定能做，因为每个人都有自己的资源和能力圈，只有从能力圈出发，才能避免走入雷区。

此后，我总爱问自己三个问题：我想干什么？我能干什么？我该干什么？然后画三个圈，找到交集，就是我应该干的事。其实，我的失败经历从今天的角度来总结，就是认知偏差、能力偏差和资源偏差的问题。

（1）认知偏差。你是否对该项目有清晰的认识？有没有模糊和疏漏的地方？最好的办法就是拿一张纸把相关要素都写下来，并与相关参与者进行再次讨论和确认，这是事前要做的最重要的功课。

（2）能力偏差。完成该项目需要具备哪些能力？你是否真正具备这些能力？是否有高估的成分？回顾过往，你对自己相关能力的满意度如何？别人是如何评价你的？

（3）资源偏差。完成该项目需要哪些资源？哪些资源是确定的？哪些资源是不确定的？当资源不能有效把控时，一旦出现问题，你就只能喝西北风了。

在医药生意失败后，我借了一点钱，折腾了一段时间，仍然毫无起色。我心灰意冷，不知路在何方。其实，一个人在失意的时候，正是应该加强学习、积蓄能量的时候，自顾自怜，只会让自己更加迷茫。

有一天，我正在摆地摊，偶遇一位同学。他大吃一惊，问我怎么跑来摆地摊了，简直太不可思议了！我原本是一个十分好面子的人，不过，后来我明白，面子都是自己给的，自己挣不了面子，别人给你面子也没有用。

那大半年时间，为了尽快还清债务，我几乎一天也没有休息过。每到最艰难、最无助的时候，我总是默默地给自己打气：没事，一切都会过去的！

我白天摆地摊，晚上学习，感觉生活从来没有这么充实过。为了激励自己，我去做了一个比A4纸略小的牌子，安在我的摩托车后面，上面写着"创业尚未成功,仍需加倍努力"。

身不苦,则福禄不厚;心不苦,则智慧不开。每天出门看到这12个字,我都充满了力量。摆地摊,让我度过了那段最艰难的日子。

后来,一个偶然的机会,我有幸到了一家大健康产业公司工作和学习。由于业务涉及演讲和销售,我抓住机会锻炼了自己的演讲能力,并积极规划下一步的发展计划。

经过2年时间的学习,我逐渐对大健康产业有了初步的认识。我一边积累人脉,一边寻找机会,直到我发现了一个商机:这个行业的礼品需求量非常旺盛。我何不验证一下自己的想法呢?

我选择了一个在市场上比较受青睐的礼品,找到源头厂家谈好价格,并邮寄了一些样品回来。我拿着样品找到身边的几个朋友,以极低的价格给他们供货。很快,我以微薄的利润赢得了人脉,我的礼品生意就这样慢慢做起来了。

由于0库存、0风险,所以我把所有精力都放在了品控和渠道上。那段时间,我每天的订单量都在增加。我终于尝到了低风险创业的甜头。

2个月后,销量稍微有所下滑,主要原因是同行展开了价格战。经过认真分析,我发现了更大的商机,我决定马上成立礼品公司,开发自己的礼品。

创业的初期就是这样的。有心栽花花不开,无心插柳柳成荫,你明明想做A,却发现了B的机会,最后可能做成了C。只要你善于观察和思考,总会找到自己的机会。

接下来,我开发了一系列礼品,而且每一款礼品都取得了成功。我的思路很简单:第一,设计礼品,先打样;第二,把样品送到客户手中征询意见,做出优化;第三,客户满意后,下订单,打预付款。

通过这三个简单的步骤,我开发的礼品既符合了客户的需求,也避免了闭门造车的尴尬,还降低了风险。如果每个创业者都能控制好自己的风险,创业就是一件轻松、愉快的事情了。

我清晰地记得,其中一款礼品投放市场后,获得了巨大的反响。那段时间,真的只能用废寝忘食来形容我了。我几乎每天都在安排订单,手机被打得滚烫,一个充电宝根本不够用。从早到晚,我几乎没有休息的时间,既疲惫,也兴奋。

当时,我和外省的一个工厂合作生产,为了不断货,后来又增加了一个工厂。由于每天都要发好几卡车的礼品出去,厂里的员工要加班到深夜才能满足货源。一时间,我的礼品公司便在当地商圈家喻户晓了。

夜晚,我仰望星空,心中不禁感慨万千。这么多年的努力,终于有所回报了,原来上天真的不会辜负每一个踏踏实实、奋进拼搏的人。那一晚,我彻夜未眠……

【极速小语:比失败更可怕的是停止成长,比害怕尝试更糟糕的是放弃自己。生命中没有轻易的成功,如果失败,就再试一次。】

5.11 我是如何从"踩坑大王"到不断成长的(中)

时间很快来到了 2015 年,这是一个转折之年。

2015 年夏天,一个好朋友来找我。他是做大健康产业的,其公司准备登陆资本市场,想在营销方面与我合作。这家公司我非常熟悉,我和公司的几个高层算是朋友。公司经营了 10 年,有了一定的沉淀,底子还是不错的。

经过深入交谈,我比较认同他们的发展规划,于是口头上谈好了基本条件。我们决定合作一次,助力公司早日实现发展壮大的梦想。

接下来的日子,我把时间和精力全部用在了这个项目上,并付出了所有的努力和心血。一言九鼎,重于泰山,是我对朋友的承诺与交付。那一年多时间,应该是我人生努力的巅峰时期。在事业上,我是一个完美主义者,一旦认定的事,就会全力以赴。

然而,"黑天鹅"事件很快就出现了。虽然朋友的公司取得了突飞猛进的发展,但是因为利益问题,公司内部股东产生了尖锐的矛盾,这是一个多么危险的信号!

接下来,公司并没有按预定的方向前行,新三板挂牌计划被屡屡耽搁。为了稳住团队和市场,公司开始不断编造谎言。为了个人利益,大股东一再践踏道德底线。真的很难想象,一个接受过高等教育、平日里满口仁义道德的人，居然如此不堪。

最终，纸包不住火，谎言被不断拆穿。团队、经销商、客户都要求公司给一个说法，但公司不仅不正面解决问题，还让事态持续恶化。这是我亲眼见过的，把一手好牌打烂的"最佳案例"。

我一再强调正确的金钱观，无论是合作还是合伙，一个人做任何事，如果眼里只有钱，为了钱甚至不断触碰道德底线，迟早会伤害自己，伤害别人。当我们遇见这样的人，一定要提高警惕，保护好自己。

随着时间的推移，事件逐步发酵，形势愈演愈烈。这时我才发现，我作为整个事件的一分子，居然还处于"裸奔状态"。

当初，由于对朋友及其公司的无条件信任，我几乎没有和对方签订任何明确的责权利协议，也就是说，我可能会因为合作公司的问题而受到牵连。

我本可以独善其身，却因为单纯的信任，而将自己陷于深深的泥潭之中。那些日子，我寝食难安、心力交瘁，几度达到了崩溃的边缘。

很多时候，我们以为通过自己的努力，就可以实现目标，其实这只是一厢情愿罢了。没有对的团队，再多的付出也无济于事，甚至会给自己带来深重的灾难，这就是团队的重要性。

从 2017 年到 2019 年，我把礼品业务全部停掉，让所有工作人员都去协助合作公司处理市场问题。对于每一个问题，我都积极面对，并竭尽全力解决。我不能保证每个人都很满意，但是我绝对拿出了最大的善意和诚意。在我心里，一切不属于我的钱，我分文不取。

这次经历，给我留下了一个惨痛的教训：无论多么值得信任的关系，都要坚守原则，明确责权利。签订合同，用法律的武器约束人性的弱点，是任何合作或合伙的前提。这是我在创业路上学到的重要一课，也是我的血泪史。

这次经历，也让我学会了事前制定"反失败策略"，即项目尚未启动时，我们可以假设项目已经失败了，然后召集项目参与人员，组织一场失败原因研讨会，把可能导致项目失败的原因一一挖掘出来，并展开积极讨论，制定一套"反失败策略",让参与人员加强学习,认真贯彻,这样就可以极大地减少项目带来的不确定风险。

同时,我们在做一项重大决策的时候,可以参考"888法则":

8小时后,会有不同的意见吗?

8天后,事情会出现偏差吗?

8个月后,事情会发展到哪一步?

我们在做决策的时候,往往都是从眼前出发的,如果经过深思熟虑,从发展的过程来推演,找到可能存在的变量,倒推决策,及时调整,或许就能更好地达到预期。

通过这次合作,我本以为可以再攀事业高峰,没想到却掉进了一个巨大的黑洞。或许,这就是人生的无常。

在那一段人生的至暗时刻,我每天都要处理各种令人焦头烂额的事情。我常常精神恍惚、难以入眠,又常常从噩梦中惊醒。我就像走在一片无边无际的黑暗之中,看不到尽头。我真不知道接下来会发生什么,难道命运要跟我开一个难以承受的玩笑吗?

我站在小区楼下,抬头望天。那一刻,我不禁默默地掉下了眼泪。

【极速小语:不识事,半生苦;不识人,一生苦。坚守原则,用法律武器保护自己,是合作最重要的前提。】

5.12 我是如何从"踩坑大王"到不断成长的(下)

2017年,我和这个朋友又成立了一家电商公司。

当时,合作公司的问题还没有完全暴露出来。朋友接触了一个做社交电商很厉害的"大咖",准备请他负责公司的运营,并计划把第一年的营业额做到10亿元。其实,我对这个数字感到有些惊讶。

"大咖"长得敦厚老实、憨态可掬,他拿出一本厚厚的资料演示了自己的"雄心勃勃"。好吧,既然他这么牛,我就投吧。于是,我成了最大的股东。由于当时合作公司业务繁忙,我只做公司的董事长,出席重要会议,但不参与具体运营。

自从"大咖"出任了公司的运营总监,便把自己的"能力"发挥得淋漓尽致。各种投入、各种开支,无不做得"风生水起",样样都是"神来之笔"。无可否认,公司刚开始的发展还算可以,但几个月后,营业额连日常开支都保证不了,我们投资的几百万元很快就归零了。

接着,公司召开了会议,提出了继续投入的问题。我意识到公司可能存在一些问题。会后,我去财务看了一下公司的开支情况。我的肺差点气炸了——凡是涉及运营的开支,几乎都存在着严重的漏洞。我决定退出公司。

可朋友说,现在水都烧到90℃了,不一鼓作气,就前功尽弃了。无奈之下，我们硬着头皮又投了几轮，后面的情况可想而知。

后来，运营自然没有做起来，管理上更是一塌糊涂。我们与运营团队决裂了，并付诸法律，走到这一步，基本就接近尾声了。一波还未平息，一波又来侵袭，真是"伤心太平洋"啊，我又踩进了一个大坑。

当一个人十分谨慎的时候，其决策水平通常很高；当一个人放松警惕的时候，其决策很容易出错。这是我的深切感悟。通过事后复盘，我又学到了以下几点：

第一，只投资而不参与管理的事情尽量不要做。除非你是风投专家，或者有成熟的团队负责运作，否则这种放任自流、把命运交在他人手里的方式，跟慢性自杀没有区别。同时，我们在与别人谈合作的时候，要多谈实质，少谈梦想。如果你要了解对方的深度和广度，不妨多问问对方具体的事情应该怎么做。

第二，做错的事，千万不要坚持，要学会及时止损。创业公司，人为第一，事为第二。事有偏差，尚可校正；人有问题，则有灭顶之灾。明知不可为而为之，必将造成更大的损失。及时止损，就是进步。

第三，制定好公司章程，签订好投资协议，约定好责权利。创业公司的内部纠纷绝大多数都是因为事前没有制定好规则，导致利益争夺，其共同结局都是开开心心地开始，痛心疾首地结束。

公司章程应该如何设计？股东滥用权利给公司造成损失怎么办？股东大会和董事会如何召开才符合法定程序？各级管理人员有什么权利和义务？公司治理的依据全部装在《公司法》里，每一个创业者都要熟悉《公司法》。

在这次投资中，我没有坚持自己的投资原则，没有强烈要求约定相关事宜，这是我犯的最大的错误。如果你正准备创业，建议你最好把方方面面的规则拟定完备，并形成法律文件。如果有合伙人觉得没有必要这么详细，你要立即对他说："不！"

连踩两次大坑之后，我的元气大伤。2019年，我又迎来非常艰难的时刻。那是动荡不安、风雨飘摇的一年，我忍着疼痛、咬紧牙关才挺到了今天。非常感谢那些一路陪伴我、与我并肩战斗的伙伴们，让我在最寒冷的冬天感受到了阳光般的温暖。

一阵痛定思痛后，我对未来做了清晰的规划。今天，我又看到了新的希望，至于后面的规划，我一直都在做基础工作。我相信，这个时机很快就会到来，因为上天不会辜负每一个有责任心、有担当，既认真又努力的人。

最后，回首10多年的创业历程，有落寞、有喜悦、有失意、有收获，无论经历什么，我从不曾放弃，因为我早已找到了人生的使命。以下是我在创业中的一些感悟，是我用时间、金钱、精力、痛苦换来的经验和教训，希望对你有用。

（1）持续学习，终生学习。学习是创业成功最重要的前提。

（2）通过付费学习，结识专家，是链接资源最好的方法。

（3）选好合伙人，坚守合伙原则，建立科学的合伙制度。

（4）注意关键选择，不要走捷径，聪明人都在下笨功夫。

（5）在低风险下，多尝试，多试错，尽早建立自己的知识体系。你了解事情的维度越多，成功的可能性越大。

（6）信用是一种极其昂贵的稀缺资源，宁愿亏钱，也不要"亏人"。良好的个人品牌是你一生中最宝贵的财富。

（7）日日精进，持续成长。没有白走的路，你每走一步都在为自己积蓄能量。

（8）保持理性，注意风险，选择善良，保护自己，对生活永远保持热爱和激情。

【极速小语：创业本没有风险，有风险的是自己，让自己变得更好，是创业成功的关键。】

| 第 6 章 |

人际关系——
高速成长的助推器

6.1　有社交恐惧症和性格内向的人，该如何打造人脉力？

约翰·多恩说："没有人是一座孤岛。"

在人际关系中，要么是你喜欢别人，被别人所吸引，要么是别人喜欢你，你吸引了别人。吸引力是人脉关系的开端，吸引力就是人脉力。

刚上小学的时候，我胆子特别小，不爱和同学们玩，一个人孤孤单单的，总是低着头数蚂蚁，生怕别人闯进自己的世界。而那些性格活泼开朗的同学，身边总是围着一大群小朋友，我只能眼巴巴地羡慕着，内心充满了煎熬。

我还发现，班上有些同学经常向成绩好的同学请教问题，动不动就找人帮忙，还经常组织大家玩各种游戏。我当时心里就想，这些人脸皮怎么那么厚啊？

可是这些"厚脸皮"的同学，往往同学关系特别好，大家都喜欢和他们一起玩。小时候，我感觉自己有社交恐惧症，生怕别人会对自己怎么样。现在想来，其实都是自己吓自己。在现实生活中，我们应该如何克服这种心理障碍呢？

第一，正确地认识自己，增强自我认知能力。

自我认知主要分内在和外在的自我认知，前者主要表现为我们能够认识到自己的特点、价值、愿望及对外界的反应和影响等，后者主要是别人对我们的评价和看法。抛开主观偏见，我们怎样才能认识到客观的自己呢？

首先，自我反思和总结。平时多观察自己的言行，多听听自己内心的声音，多看看别人对自己行动的反应。通过不断分析和总结，我们就能逐渐看到一个清晰的自己，认识自己是与他人交往最重要的前提。

其次，参考他人的评价。以极其诚恳的态度，请亲朋好友对自己进行客观的评价，并请他们提一些中肯的意见和建议。多关注身边那些特别重要的人的看法，是提升自我认知最快的方法。

有时候，我们以为自己是这样的，而在他人眼中，我们却是那样的。只有通过自省和他人的评价，我们才能更客观充分地了解自己、调整自己，进而建立社交自信。

第二，写出恐惧清单，分析恐惧原因。

当我们不知道为什么而恐惧时，我们就陷入了无底的深渊。如果我们把令自己恐惧的事情写下来，再一一对照事实，就会发现很多恐惧被我们主观夸大了。当我们勇敢面对恐惧时，我们就突破自己了。

比如，当你担心讲不好话时，你可以事先做一些准备，私下组织一下语言，再简单练习一下，这样你在与人交谈时就会变得顺畅；当你害怕接近他人时，你可以试着微笑，主动问好，对方的回应会增强你的信心；当你到了陌生的环境，害怕被孤立时，不妨认真倾听，也可以找落单的人主动攀谈。

第三，改变认知，积极成长。

一方面，在认知上进行改变。我们不可能和谁都成为朋友，不要奢求每个人都喜欢我们。在人际交往中，我们只要保持真诚热情，做好自己就可以了。

另一方面，害怕什么就去做什么，担心什么就去尝试什么。关于扩展人际关系这件事，想得太多是无用的，只有不断尝试，才能在实践中找到自信和方法。同时，在人际关系上遭遇挫折时，唯有认真总结，修正错误，才能获得积极的成长。

扩展人际关系不是一蹴而就的，但只要开放自己，我们就走出了成功的第一步。那么，对于性格内向的人来说，应该如何扩展自己的朋友圈呢？

（1）制订社交计划，让自己先动起来。

主动出击是良好的开端。拿出记事本，制订社交计划，列出代办清单，每周至少安排1次社交活动，或者1对1地邀约，比如约人品茶、用餐、聊天等，坚持下去，最多3个月，你就得心应手了。

（2）每天进步一点点，一年就是一大步。

你可以试着写一个简单的自我介绍，并在私下里背得滚瓜烂熟。自我介绍的内容最好有料、有趣、有亮点。一般来说，能做好自我介绍的人，总能给他人留下深刻的印象，并获得好的社交机会。

同时，准备好20个以上破冰的问题，并熟记于心，以便在冷场的时候使用。做好这些充足的准备工作，一定会让你慢慢变成一个健谈并深受欢迎的人。

不要想着一天就变成社交达人，性格内向的人，需要逐步走出心理舒适区，通过与他人的交往，一点点建立自信心。这是一个心理建设过程，需要循序渐进、稳步推进。比如，昨天主动结识了新朋友，今天主动联系了新客户，这些点滴进步，都会帮助你逐渐提升人脉力。

（3）给自己多增加一些曝光的机会。

如果有活动，你可以争取成为组织者；如果有会议，你可以争取成为主持人；如果有和你专业相关的演讲比赛，你可以争取发言的机会。当你成为大家关注的中心或焦点的时候，就有人主动联系你了。

最后，我总结了20个字，可以帮你收获优质的人脉关系：真诚、热情、友善、分寸、付出、感恩、大方、大度、谦虚、自信。把这20个字抄下来，贴在最醒目的位置，每天默念3遍并认真执行，你的好人脉就自动来了。

【极速小语：在人际交往中，最好的突破是主动，最好的方法是练习，最好的关系是吸引。】

6.2 作为人脉小白，如何把陌生人变成熟人？

当我们初识一个人，怎样才能与之建立有效的连接呢？

最简单的办法就是找到彼此的共同点，比如相同的兴趣爱好、饮食习惯、穿着风格、出生地、年龄、信仰、文化等。俗话说，"物以类聚，人以群分"。彼此的共同点是用来识别"自己人"的关键。它能够引起共鸣，拉近彼此的距离。

找到彼此的共同点只是与人相识的第一步，对他人真正感兴趣，我们才能进一步与之发展关系。这里的感兴趣应该是发自内心的，而不是流于形式的寒暄和应酬。你的在意，对方一定能感觉到。

在一次饭局上，我注意到一个细节。一位朋友在向他人敬酒的时候，每次说的台词都一样，而且每次都慌慌忙忙，还没有等对方把话说完，他就一饮而尽，然后迅速地敬下一位去了。这种对他人毫无兴趣的流水式作业，对于社交来说，显然意义不大。

除了对对方感兴趣，我们还要找到对方的关注点，因为一个人最在意的就是自己是否被重视、被认可。找到对方的关注点，就能打开对方的心门，升温彼此的关系。

比如，一个中年男人，可能更关注自己的事业；一个年长的男人，可能更关注旅游资讯，喜欢阅读历史；一个年轻的母亲，可能更关注自己的孩子；一个年长的阿姨，可能更关注自己的家庭。了解他们喜欢谈论的话题，找到他们的关注点，彼此间的距离就拉近了。

有了一定的亲切感，你可以再添一把"火"，让对方激情四射，滔滔不绝，你们的关系很快就能上一个新的台阶。

"你做什么事情最有激情呢？"当你问出这句话时，这把"火"就被你点燃了。此刻，如果时机适宜，大多数人都会兴高采烈地与你分享最令他兴奋的事情。

此时，只要你认真聆听，表示赞许或者惊讶，真诚地去回应对方，并顺势问一些问题，整个交流就会更加深入和融洽了。当你把焦点放在他人身上，以他人为中心的时候，很快就能得到对方的认同。

不过，以上只是建立有效连接的重点。在谈话过程中适时展现自己的亮点，让对方看到你的价值，才是维系彼此关系最重要的纽带。

比如，你是一位医生，有丰富的临床经验，能为他人提供健康管理方面的帮助；你是一位律师，可以在规避法律风险等方面为他人提供支持；你是一位教育工作者，在教育孩子方面可能很有经验。总之，你身上的价值点，就是对方愿意和你交往的兴趣点。

所以，你要知道自己擅长什么，哪些方面具有优势。只有认识到自己的价值，才能为他人创造价值，你的人脉才会越来越广。

如果你的工作与人打交道的时间比较多，你就会接触到很多陌生人，而从陌生人到熟人的过渡，绝不是留个联系方式那么简单。下面我分享一些提升人际关系能力的小经验。

第一，表达占用他人时间的感恩之心。

初次与人相识，无论是交谈还是办事，结束后一定要和对方说："很高兴认识您，刚刚占用了您的宝贵时间，非常感谢！"这是一个很多人都容易忽视的细节。当你主动表达感恩之心时，对方会觉得你很有礼貌，懂得尊重他人，对你的好感度就会迅速上升。

第二，提供支持，主动询问是否可以帮到对方。

在和陌生人相处的时候，如果你展示了自己的价值，对对方也产生了一定的吸引力，你可以主动说："如果你在某方面有需要，可以找我，我很乐意提供帮助。"敞开心扉，张开怀抱，会让对方感觉到你的热情和大方，有助于关系的升温。

第三，留下机会，为将来的跟进和深交打下基础。

很多时候，人们在与初识的人分别时，都忘了一件重要的事，就是一定要给自己留下机会，为下一步的交往打下基础。这是延续关系的重点，否则很可能出现"人走茶凉"的情况。

比如，"我今天回去发一些资料给你，我们保持沟通""那些资料很不错，我下周二给你带来看看""下周六可以约您一起吃饭吗？我正好有些问题向您请教"这些都为下一次见面做好了铺垫。

从陌生人到熟人，只要我们给人留下了良好的印象，展示了价值，制造了再次交往的机会，完成了最重要的转换工作，就行了吗？不，我们还要让熟人再熟一点，熟到可以做朋友的程度。

【极速小语：从陌生人到熟人，需要做好黄金六点：共同点、兴趣点、关注点、激情点、价值点、延续点。】

6.3　从熟人到朋友，我们还需要做好哪些功课？

你是否会遇到这样的情形：初次与人相识，虽然彼此交换了联系方式，但过一段时间后，你在联系对方时却忘了对方的一些重要信息，可能对方也记不清你是谁了。

我以前经常会遇到这样的情况。后来，我慢慢改变了一些做法。比如，我会在对方的名片背面留下他的重要信息，如突出特点、共同点、关注点、兴趣爱好、彼此交谈的内容、见面时间、见面地点等。如果没有名片，我就把以上信息记录在手机的备忘录上，然后截屏保存在微信的备注栏里，以后再保持更新就可以了。

所以，每当我联系对方时，对方的立体画面马上就会呈现在我的脑海里。在沟通过程中，当我提到一些与对方相关的信息时，对方瞬间就有被重视的感觉，从而迅速对我产生好感。

一般情况下，如果你打算与某人进行长期交往，你应该在分离的 24 小时内与对方联系一次，可以发信息，也可以打电话，简单问候一下，给予对方适当的赞美，并为下次见面做好铺垫。24 小时之内回访非常重要，不要等对方已经把你忘了，你再联系对方，那就太尴尬了。

当我们的通信录名单不断增加的时候，我们就需要对其进行整理，区分强关系和弱关系了。强关系指的是认识时间长、经常联系、感情深厚、互惠互利的家人、亲戚、朋友等。

弱关系指的是认识时间短、联系频率低、感情基础薄,没有互利互助行为和家族血缘关系的人,主要包括以前的同学、老师、不常联系的朋友、萍水相逢的人等。

这是不是意味着我们要重视强关系,而忽略弱关系呢?当然不是!每种关系的背后都有其独特的资源,甚至有时候弱关系反而能发挥关键的作用,并且,关系强弱是可以相互转换的。有些强关系不走动,可能就会变成弱关系;有些弱关系加以维护,可能就会变成强关系。

英国进化心理学家罗宾·邓巴提出了"150定律",即一个人能够维持紧密关系的人数上限是150人。一个上千人的手机通信录中,绝大多数人都是我们不常联系的,所以,我们需要利用有限的时间和精力,对我们通信录名单中的强弱关系进行分类管理。

筛选出具有人脉价值的名单,并根据重要程度对其进行分类。重要的伙伴关系至少1个月联系一次,见面或打电话都可以;次重要的关系2个月联系一次,可以发信息问候一声,分享一下近期动态;一些重要的,但鲜有见面机会的重量级关系,半年或者一年联系一次就行了。

而对于强关系来说,由于来往频繁,就没必要设置联系的频率了。在此分享两个小技巧:第一,如果你担心名单有遗漏,可以在电子日历上设置这些人的联系频率,如果能记住他们的生日,在特殊日子送上祝福,效果是极好的;第二,与人联系时,除非特殊情况,否则不要发语音,在编写祝福短信时,不要千篇一律,更不要群发,不是用心编写的信息不如不发。

从熟人到朋友,是一个逐渐升温的过程。如果你加了对方微信,你可以通过以下七步来实现从熟人到朋友的转化:

第一步,给朋友点赞和评论。大多数人都喜欢被人关注和肯定,真诚而恰到好处的评论能引起对方的注意,使你快速获取对方的好感。

第二步，结合对方的职业和爱好，推送一些对方可能感兴趣的信息。比如，遇到好的文章你可以推送给对方，并附上一句："我感觉这篇文章很棒，可能对你有帮助，所以分享给你，希望你喜欢。"

第三步，经营好你的微信朋友圈。多分享一些积极向上的内容，并持续输出个人价值，让别人知道你是一个什么样的人。同时，强烈建议你不要将朋友圈设置为三天可见模式，因为不喜欢你的人，对你发布的内容不感兴趣，不会去看，而喜欢你的人，却无法通过你的朋友圈了解你。

第四步，在节假日时发信息进行问候。如果方便，平时也可以快递一些家乡特产、应季水果给对方尝尝。这种方式对方易于接受，而且价格不贵，情意浓浓，可以让对方感觉到你是一个有心之人。

第五步，约对方一起品茶、喝咖啡、吃饭等。在沟通的过程中，你们可以对事业、生活、爱好进行交流，使彼此有更加深入的了解，进一步增进感情。

第六步，请对方帮一点小忙。很多人认为，尽量不要给朋友添麻烦，其实人与人之间，越是互相帮忙，彼此的关系就会越近。大家在互帮互助中不但增强了信任，还建立了深厚的友谊，这就是"富兰克林效应"。

但是，请对方帮忙要注意数量和难度。举手之劳的事可以请对方帮忙，如果难度太高、很难解决就不好了。凡事得有一个度，掌握好分寸很重要。

第七步，真诚地给对方提供帮助。与人交往中，给对方提供帮助是个人价值的重要体现。予人玫瑰，手有余香，做人际关系中的"富人"，就从帮助他人开始吧！

【极速小语：从陌生人到熟人，打开了一扇窗；从熟人到朋友，打开了一扇门；从朋友到挚友，敞开了一颗心。只要真诚利他，输出个人价值，我们就能收获优质的人脉关系。】

6.4 滚雪球：高质量社交 10 倍提速法（上）

如果我们只是一片雪花，怎么才能滚出一个雪球来呢？如果要扩大我们的朋友圈，有哪些办法呢？以下这些方法非常好用，你也可以试试。

第一，行业会议是藏龙卧虎之地，好好把握每一次参加会议的机会。

一般情况下，只要是稍有规格的行业会议，都会邀请业内的重要嘉宾，可谓精英云集、人才会聚。如果你有机会出席这样的会议，一定不要浪费了好机会。

首先，对会议进行分析，了解组织者是谁、核心工作人员有哪些。如果你能为会议提供一些支持，你很可能成为他们的朋友。通常情况下，他们有重要嘉宾的名单，如果他们能够引荐你，你可能会收获非常重要的人脉关系。

其次，如果你能贡献独特的个人价值，你可以争取上台曝光的机会。短短几分钟，你就可能会成为焦点，但这种机会可遇而不可求。当然，你也可以选择坐在靠前的位置，提前准备一些与会议有关的高质量问题。中途的问答环节，就是你与嘉宾交流的机会。当然，会议结束时，你可以抓住时机再次向嘉宾请教。

最后，在会议开始前，你可以和你座位相邻的与会人员简单聊聊，看看有没有想认识的人；会议中，一些演讲嘉宾在分享经验的过程中，会透露自己的一些信息，比如公司、职位等，会议结束后，你可以查询相关资料，找机会再去拜访；中场休息时，舞台旁边、吧台处、饮水区，都是可以重点关注的地方。

第二，参加一些社团组织或高质量的学习班，多贡献自己的力量。

有选择性地参加一些有意义的社团组织，承担组织者或者志愿者的角色，积极为他人提供服务，展现个人价值，让自己成为发光体，进而获得更多人脉资源。

同时，一些高质量的学习班也是理想人脉的聚集地。在学习过程中，我们不仅能增长知识、开阔视野，学员之间还可以相互整合、资源互通，达到互惠互利的目的。

创业以来，我参加的学习班不下 30 个，也在一些社团组织中认识了一些朋友。这些人脉关系对我的事业产生了一定的帮助，但是，人脉只能起到辅助作用，我们千万不能因为扩展人脉关系而影响自己的事业发展。建议选择那些社团活动频率较低的组织，以每季度、每半年组织一次活动的为好。

第三，找到超级连接点，就可以扩展更广泛的人脉关系。

什么是超级连接点？在《引爆点》一书中，作者提到了三类人：连接人、专家和销售。他们具有独特的魅力，是社交中的人脉达人，是人与人连接的超级节点。

比如，我的朋友小 C 曾在事业单位工作，又做过保险经纪人，人脉关系十分广泛，总能帮我顺利对接到需要的资源。如果你身边有这种能量强大的"人际百事通"，一定不要错过了。

专家之所以是超级连接点，是因为他们在某些领域的权威性和专业性，往往能给他人提供指导或者帮助，所以他们身边不乏各种仰慕者和追随者。

销售精英通常具有较高的职业素养，他们不仅知道怎么把产品销售出去，更懂得如何对自己进行营销。他们的专业技术娴熟，深谙人性，往往能够获得他人的赞赏及认可。

第四，利用用餐时间展开社交。

大多数人都对美食感兴趣，面对美食时，大家的心情通常会变得愉悦，关系也越来越融洽。如果你想拉近与一个人的距离，就约他一起用餐吧！

早上用餐时间较短，适合短暂的交流；中午用餐时间稍长，可进行深入的沟通；晚上则可以邀约重要的伙伴共进晚餐，但不宜过晚；周末、节假日、特殊的日子等，都可以让美食成为连接人际关系最好的纽带。

第五，让自己拥有吸引优质人脉的体质。

如果我们给别人提供不了任何价值，或者我们没有任何增长的潜力，别人为什么要帮助我们呢？

我的朋友给我讲了一个故事。我朋友的公司准备招聘一位设计师，面试了一个叫作 W 的应聘者。双方都十分满意，我的朋友通知对方周一来上班，可公司临时有变，他在周日又通知对方不用来了。结果，对方不仅没有抱怨，还感谢公司对自己的认可。更令人意外的是，W 在面试结束后，主动为公司的两个新产品进行了设计调整，他收到取消上班的通知后，还是免费把设计稿发到了公司的邮箱。

我的朋友对 W 好感顿起，并和他保持了联系。半年后，当公司又需要招聘设计师时，我的朋友第一时间想到了 W，他们合作得十分愉快。我问朋友为什么会选择 W 呢？朋友说，W 是一个主动提供价值，并具有增长潜力的人，我为什么不选择他呢？

是啊，谁不喜欢真诚、朴实、上进、利他、善意的人呢？可见，让自己变得更好，自然就能获得优质的人脉关系了。

【极速小语：在人际关系中，你是什么样的人，什么样的人就会出现在你的生命中，一切都是你自己的安排。】

6.5 滚雪球：高质量社交 10 倍提速法（下）

准备好了吗？我将为你提供一顿加强人际关系的"大餐"，相信你一定会非常喜欢。只要你用心实践，很快就能受益。

（1）不要抱怨自己太忙，不要说没有时间去经营人际关系。你可以利用碎片化的时间去关注他人，比如发个信息、打个电话，占用不了多少时间。

（2）不要总是找人帮忙，而要主动帮助他人。索取与给予是一种平衡关系，前者是取款，后者是存款。你的人际关系是否"富有"，取决于你帮助了多少人。

（3）在人际交往中，不要过于表现自己、炫耀自己，要懂得在一定程度上示弱，收敛自己的锋芒。

（4）凡事有交代，做事认真负责，不轻易承诺，但重于承诺，不妄言、不冲动、不随意表现，遇事沉着冷静、处事稳重周全，才能给人十足的安全感。

（5）心怀善意、感恩他人、提供价值、以心相交。做到这 16 个字，足以让你左右逢源、无往不利。

有人说，拓展人际关系并不难，难的是怎样才能快速地建立起高质量的人脉网络。你是否也有这样的困惑？不必烦恼，你只要做到三步就可以了。

第一步，学会筛选，好人脉都是筛选出来的。

如果你身边的社交关系是没有经过筛选的，其质量一定是参差不齐的。在人际交往中，我们要有筛选思维，把低质量的关系过滤掉，把高质量的关系沉淀下来，只有高质量的关系才是值得我们经营的关系。

当然，我们筛选高质量关系的前提，是我们有筛选的资格。这是一个双向筛选、相互匹配的过程，我们只有不断打磨自己，塑造自己，我们的价值才会越高，才能掌握筛选的主动权。

我有一个朋友是做招商加盟业务的，他在各个渠道投放了大量的广告。由于他的产品比较好，来自全国各地的咨询电话异常火爆。很多人只经过简单洽谈就准备打款签约，朋友一一拒绝了。

我百思不得其解，忙问朋友："这是多少人梦寐以求的好生意啊，你为什么不赶紧收钱呢？"

朋友笑而不答。原来，他和市场总监亲自面试了每一个客户，经过严格、仔细的筛选，他们只留下了不到 1/3 的客户，后面又经过两轮筛选，大概只有 1/5 的客户能和他们公司签约。

朋友告诉我，收钱很容易，不收才是一种智慧。他们只愿意和有成功潜质的客户合作，这样才能叠加他们的价值和影响力。那些未经筛选的客户虽然可以让他们获得眼前的利益，但从长远来看，很可能是一个"双输"的局面，这不是他们所期望的。

我如梦初醒。当自己有足够价值的时候，只有筛选更优秀的合作伙伴，才能叠加自己的势能。同时，合作伙伴的成功，会进一步促进品牌价值的增长，从而形成一个良性循环的过程。

合作关系如此，工作关系如此，人际关系亦如此。懂得筛选，敢于筛选，才能收获更高质量的人际关系。

第二步，加强价值互动。

有很多人际关系，其实都处于沉睡状态，如果不加强互动，双方就会慢慢变回陌生人，只有建立有效连接，才能让人际关系产生价值。人际关系中有个"三点式"情感进阶过程：

第一点，点头之交。见面时点点头，寒暄一下，只是礼仪的往来，这是最浅层次的人际关系。

第二点，点赞之交。双方觉得彼此还不错，或许还有进一步交流的可能，于是加了微信，平时在朋友圈里互相点个赞，并没有过多的交流，这是更进一层的人际关系。

第三点，点钱之交。大家通过初步的了解，觉得有很多共同的话题，慢慢发展成了朋友关系，继而合作共赢，皆大欢喜，这就是深层次的人际关系。

从点头之交到点钱之交，是一个典型的人际关系的进阶过程。人与人相交，真诚是情感的催化剂，价值是情感的黏合剂，加强人际关系中的价值互动，是从弱关系走向强关系的开始。

麻省理工学院的一位教授曾说："所谓的关系，不过是一场精确的匹配游戏，重要的是门当户对。"准备好自己的价值，叩开对方的大门，勇敢和对方发生连接，才是最重要的第一步。你最大的损失可能是被拒绝，而收益却可能是无限的。

虽然人脉不一定非是"点钱之交"，但是提供价值是非常必要的。特别是对于生意场上的朋友来说，人脉就是钱脉。在精力和资源有限的情况下，有没有办法突破一下呢？

第三步，滚雪球，高质量社交 10 倍提速法。

每个行业都有顶端的高级人才，他们掌握着行业大部分资源。我们可以通过行业会议、他人引荐、付费咨询等方法和他们建立联系。只有和高人为伍，与强者同行，我们才能快速地提升自己。

在做礼品生意的时候，由于被模仿速度很快，我遇到最大的一个难题就是，如何尽快让更多的经销商知道我设计的礼品，从而获得更多的订单。我的礼品红利期往往只有 2~3 个月，我要想尽一切办法扩展自己的销售渠道。

后来，通过梳理关系和对礼品流通渠道的分析，我很快找到了打开市场的重要思路：找到关键人物！

比如，大礼品公司的关键人物、大经销商的关键人物等，这些关键人物在自己的领域深耕多年，有着非常完善的渠道和网络，只要利润合理，他们很快便能把产品铺向市场。自从和他们合作后，我的销售数量提升了 5 倍以上！

找对人，做对事，可以倍增你的人脉关系和业绩。在人际关系中，你可以利用关键人物和社交明星，把一颗颗闪亮的珍珠串起来，从而构建一个庞大的社交网络，这就是快速发展高质量人脉的关键。

【极速小语：阿基米德说："给我一个支点，我就能撬动地球。"在社交网络中，只要找到关键的人脉支点，即使我们只是一片雪花，也能滚出一个漂亮的雪球来。】

6.6 怎样迅速提高说话情商？

以己之情怀，思人之情怀；以人之体面，思人之体面。情商高的人具有很强的同理心，他们能够感知和体会别人的内心世界。与其相处，总能让人感到如沐春风，心情愉悦。

情商高的人深谙语言的艺术，寥寥数语便可温暖对方的内心，拉近彼此的距离。而情商低的人在表达不满情绪时，总喜欢使用下面的语句：

你怎么会这么认为呢？

难道你还没有想清楚吗？

你不知道不能这么做吗？

显然，这些都是反问句。它不需要回答，因为它的答案就藏在问句之中。反问句的真正含义是在质问对方，带有一定的攻击性和蔑视性，会让对方在心理上感到不适。如果我们换一种说话方式呢？

我们可以把反问句变成陈述句或者祈使句。比如，团队临时有了新任务，小A作为骨干却不想加入。领导很生气，便对小A说："你作为部门主管，怎么能这样呢？"小A一听，很不爽，心想：这本来就不是我分内的工作，不参加也是我的权利啊！

如果领导把这句话改为"这次的新任务太重要了，关系到公司的业绩和荣誉，你要是你能加入我们的团队该有多好啊！"或者"大家都很需要你，你能和我们一起完成这个艰巨的任务吗？"

表达同样的内容，情商高低却不同。反问句会将对方置于我们的对立面，让对方产生逆反心理；陈述句和祈使句则充分地尊重了对方，缓和了气氛，把对方拉入我们的阵营，与我们成为互帮互助的一家人。

语言是人际关系的润滑剂。在与人交谈时，我们要懂得照顾他人的情绪和感受。只有尊重人性，顺应人性，我们才能收获良好的人际关系。

在一次会议上，领导发言结束后，请部门主管小 A 和小 B 分别对自己的发言提出建议和意见。小 A 说："领导的演讲比较全面，也很精彩，但是……"小 A 说得头头是道，不亦乐乎。

轮到小 B 说的时候，小 B 先对领导的讲话内容进行了肯定，然后紧接着说："对于提建议，我倒有点班门弄斧了，不过，咱们的领导是个大度的人，我今天才敢斗胆放肆。由于才疏学浅，我只能做一点小小的补充，还望大家不要见笑。"

小 A 的话，虽然很有道理，但是听得领导满头大汗、压力倍增；而小 B 的话，低调谦逊，不仅照顾了领导的情绪，变相地赞美了领导大气，还展现了自己的才能，这就是高情商的讲话艺术。

学会高情商地说话，是增加别人对我们的好感成本最低的方式。大部分人都喜欢和让他们心里舒服的人相处，所以，要想人缘好，以下三点很重要。

第一，不要说"你应该"，而要说"我需要"。

"你应该"，带有命令的口吻，给人以压迫感；"我需要"，是求助，是祈求，给对方一种被需要的感觉，其表达效果是不一样的。与其说"你应该明天把这件事完成"，不如说"我需要你，这件事你能帮我在明天之内完成吗？"

第二，不要说"我不会"，而要说"我可以学"。

我们不会的东西有很多，但也可以学会很多东西，这中间的差距就是态度的问题。"我不会"，给人留下"我没有这个能力"的印象，同时给自己关上了一扇大门;"我可以学",让别人看到了你的努力和上进,你可能会获得更多机会。

第三,不要说"你听懂了吗",而要说"我说明白了吗"。

"你听懂了吗"的意思是,我已经讲明白了,是否听懂责任在你,与我无关,有一种居高临下的优越感;"我说明白了吗"的意思是,如果你没听懂,是我没讲明白,是我的责任,把问题归因于自己,给予别人足够的尊重与交流的空间,这种放低姿态的谦虚,是一种优秀品质的自然流露。

我们与人沟通的目的在于获得对方良好的反馈,是以对方理解我们的意思作为衡量标准的。在沟通中,效果永远比道理和姿态更重要,这才是沟通的最高境界。我说明白了吗?

【极速小语:让对方心里感觉舒服,就是高情商说话的标准。学会高情商地说话,是获得良好人际关系成本最低的方式。】

6.7 为什么我的善良总得不到善意的回报？

有人说，善良的人很容易受到伤害，真的是这样的吗？

心地善良的人，内心比较柔软和敏感，处处为他人着想，很在乎别人的感受，宁愿自己吃亏，也不让他人有半点损失。

张三说，对不起啊，我不是故意伤害你的，你说没事；李四说，这一单生意，我要多分一点，你说没问题。你总能善意地理解他人，总是毫无条件地帮助他人，你认为只要你对别人好，别人就会对你好，你越在乎别人，别人就会越在乎你。

可是，你慢慢发现，你的付出并没有换回别人的感激之情。在别人眼中，你反而变得越来越没有分量了。相反，那些有自己原则的人，更能获得大家的尊重。难道你做错了吗？

做一个善良的人，当然没错，懂得为他人付出，是一种可贵的精神。但是，凡事得有一个度，当你的付出超出了一个合理的界限时，可能会适得其反。

一个人对事物的珍惜程度，和他的付出成正比，即付出越多，越珍惜。如果别人总是可以低门槛、无代价地获得你的付出，他们自然不会珍惜。对你的善良和付出设置一定的门槛，更有助于人际关系的良性发展。

古典在其《跃迁》一书中提到了一个人际策略，主要有三个关键词：善良、可激怒、简单。

（1）善良。与人相交，首先要保持善良，以诚待人，从不主动背叛是我们鲜明的态度。同时，我们的善良是有筛选条件的，只有值得我们付出的人，我们才能对其义无反顾。

（2）可激怒。我们不能无原则地施恩于人，更不能让对方认为我们的善良是软弱可欺的。当对方背叛或者恩将仇报时，我们要立即采取"可激怒"行为，还对方以颜色，让对方知道我们是有底线的。

（3）简单。让对方了解我们爱憎分明的行事风格。说得简单一点，就是要让别人清晰地知道我们的善良和可激怒的态度。我们虽然很好相处，但也是有原则的。当大家了解我们的风格后，彼此的沟通成本就降低了，相处模式也就简单了。

有时候，我们对别人有求必应，或者太过在乎别人的感受，反而得不到应有的尊重和回报。只有掌握合理的尺度，我们的善良才会变得更有价值。那么，我们应该怎么做呢？

第一，多关注自己的感受，不要因为善良而伤害自己。

与人相处，我们应该有自己的交往原则，既要积极地付出，也要学会保护自己。当我们遭遇不公平待遇时，一定要大胆地说出来，与对方认真沟通。如果对方不愿意改变，我们就要果断地舍弃这段关系。

第二，设置人际交往规则，让对方知道我们的底线。

在人际交往中，如果我们总是无条件地答应对方的要求，哪怕心里并不愿意；无论对方做错了什么，比如爽约、背叛，甚至冒犯我们，我们都表示理解；我们总是做"好好先生"，几乎没有和人红过脸。别人会怎么看待我们呢？我们一定要让对方知道什么事情可以做，什么事情不能做，给对方设置规则，在反馈和调整中了解彼此的底线，这样的关系才能健康持久。

第三，不必刻意讨好任何人，认真做好自己，我们的善良应该给对的人。

人际关系是一个迎来送往的过程，你走，我不拦你；你来，我欢迎你。

我们总是可以不断认识更多的陌生人，匹配到更合适、更舒适的关系，所以，我们不必刻意讨好任何人，只要认真做好自己，就能收获更好的人际关系。

【极速小语：善良是一种选择，也是一种态度，当我们把善良武装起来，我们的真诚和善意才会更有力量。让善人得善果、好人有好报，才是善良最大的价值和意义。】

6.8　一针见血，必须牢记在心的七条人际交往知识

人际交往是一门学问，我们只有不断学习和实践，才能不断成长。在人际交往中，我们应该了解哪些知识呢？

第一条，关注机会成本，互惠互利的人际关系更长久。

一个人的层次和水平高低，看与他交往最密切的 5 个朋友就知道了。如果我们只有 1/10 的时间用于社交，只能与 10 个朋友进行深度交往，面对有交集的 100 个人，我们应该如何做出选择呢？

朋友贵在精，而不在多。几个志同道合的朋友，远远胜过一群泛泛之交。我们只有选择优质人脉，才能降低机会成本。挑选那些三观正、能量强、同频共振的朋友，与他们坦诚相待，用心经营和他们的关系，才能发挥人际关系的良好作用。

同时，在人际交往中，我们要记住，别人帮助我们是情分，不帮我们是本分，没有任何人有义务对我们好，千万不要把别人的付出当成是理所当然的。受人恩惠，要铭记于心，并适时回馈。有来有往，才能细水长流。几乎所有的人际关系，都有着千丝万缕的利益关系，互惠互利的人际关系更为长久，这是人际关系的精髓。

第二条，保护好个人隐私，不要沦为他人的笑柄。

隐私，是一个人的私人禁区。保护好个人隐私，是人际交往最基本的原则。我们千万不能用自己的隐私与他人交换信任，也不能把别人的隐私告诉他人。否则，我们不仅得不到应有的尊重，还有可能被别人看轻。

第三条，不要让不好意思害了我们。

不好意思这件事，其实挺恼人的。因为不好意思，我们可能会与重要的人际关系失之交臂；因为不好意思，我们可能会错过一次良好的发展机会；因为不好意思，我们可能会损失自己的利益……

我曾经有个合作关系上的朋友，我们合作不到一个月，他便向我借钱。我不好意思拒绝，也想帮他渡过难关，就借给他了。可三个月不到，他就消失不见了。正是因为我不好意思拒绝，才给了别人可乘之机。

只要是正确、合理的事情，就不要不好意思。不好意思会放缓我们的成长脚步，阻碍我们的发展速度，千万不要让不要意思害了我们。

第四条，拒绝不犹豫，答应不保证。

如果我们不接受别人的请求，就要毫不犹豫地拒绝，并且把拒绝的原因归咎到自己身上，让对方易于接受。比如，"实在对不起，我最近时间紧张，怕耽误您的事""不好意思，都是我不好，你也知道我的情况"……

当我们答应帮别人办事的时候，不要把话说得太满，可以说"我能力有限，这件事我只能试一试，如果办不好，还请多多体谅"，如此便可主动降低对方的期望值。如果事情办成了，对方会感激你；如果事情办不成，对方也不会责怪你。

有时候，我们害怕拒绝，担心辜负了别人的期待，但是，如果我们没有能力完成，会让人更加失望。同时，要恪守承诺，就不要轻易许诺，我们可能因为一次失信，就丧失了昔日累积的所有好感和信任。

第五条，判断一个人是否值得深交，可以谈谈钱。

钱是验证人心的工具，一个人对钱的态度，隐藏着他内心深处的品质。谈钱主要分为两个方面：

一是对待借钱的态度。李嘉诚先生说，世上最难的事，就是借钱。快速看清一个人，最简单的办法就是向他借钱或者借钱给他。

二是是否可以精诚合作。考察对方是否能够坚守最基本的原则，不会因为经济问题而产生纠纷。

第六条，不要高估自己的人际关系，不要对他人有过高的期待。

著名表演艺术家英若诚先生，曾经讲过他小时候的一个故事。他生活在一个大家庭，每到吃饭的时候，大家都会到餐厅一起就餐。

有一次，英若诚想跟大家开个玩笑。在吃饭前，他把自己藏在了餐厅的一个柜子里，期待着有人来找他。想象着大家焦急地到处找他的样子，他就觉得好笑。遗憾的是，大家都津津有味地吃着饭，谁也没有发现他不在。等所有人吃饱了，离开了餐厅，他才失望地从柜子里出来，吃了些残羹剩饭。

在生活中，我们常常会高估自己在他人心中的位置。当我们把期望值拉得太高时，很容易会产生心理落差。如果我们放低姿态，降低期望值，反而会收到意外的惊喜。

第七条，保持低调。

有些人喜欢锋芒毕露，总是迫不及待地表现自己，不遗余力地展示自己的优越之处。一个人很自负、很高调的时候，往往是很危险的时候；相反，一个人处处低调，待人谦卑，懂得礼让，更容易获得大家的赏识和认可。我们可以高调做事，但一定要低调做人。水低成海，人低成王，才是真正的大智慧。

小心驶得万年船，我们要不断修炼自己，凡事谨慎、低调，才能以柔克刚，前途坦荡！

【极速小语：在人际关系中，行胜于言，说得漂亮，不如做得漂亮。建立长期关系，我们不仅要听一个人说了什么，还要看他做了什么。】

6.9 如何迅速找到自己的"贵人"?

做事靠自己,成事靠"贵人"。"贵人"不一定比我们身份更高贵、地位更显赫,而是在某些方面比我们更优秀,能够帮助我们更好地成长。在人际交往中,每个人都希望得到"贵人"的指点和帮助,我们如何才能迅速地找到自己的"贵人"呢?

需要注意的是,我们要先点亮自己,让"贵人"能够发现我们。如果我们自己没有价值,"贵人"自然也爱莫能助。那么,我们应该如何创造自己的价值呢?

(1)外在价值。初次相识,你的形象决定了你的价值。干净整洁、衣着得体、举止优雅,一个阳光健康的形象就是一张有价值的名片。管理好自己的形象,就是在为自己创造价值。

(2)内在价值。外在形象决定印象价值,内在价值彰显个人魅力。相对于外在价值,内在价值更能体现我们的涵养品性,是我们最重要的价值参考标准。内在价值主要表现为我们的语言交流能力、思想表达能力、情感交流能力及行为特征等,从不同角度展示了我们的世界观、人生观和价值观。我们的价值,最终是由我们的内在价值决定的,我们所有的修炼,都是为了提升内在价值。

（3）价值展示。价值展示就是利用合适的时机，借助工具进行成果演示。这里的成果可以是我们取得的成绩、获得的奖励、出色的经历等。在人际交往中，人们会受到利益的吸引和驱动，只要我们能输出自己的价值，就有可能受到别人的关注。

为了巩固内在价值，我们还要善于管理自己的外在印象。事实上，我们几乎都是被动地给人留下印象、被人贴上标签的。要想获得好的人际关系，我们必须主动出击，刻意经营自己的外在印象。

首先，我们要给自己确定一个核心关键词，比如10年教育经验的小学语文老师、哈佛毕业的MBA高才生、全国记忆大赛冠军等，把特长、职业、荣誉等关键词与我们结合起来，一幅立体的画面就浮现出来了。

强烈建议你提前准备好一段精练的文字，或者制作一张极具专业性的海报，内容包括个人简介、主要特长、重要经历，以及取得的成绩等。把它作为你的微信背景墙，或者当你认识新朋友时，把它发给对方，一定会让对方感到眼前一亮。

其次，通过一件事，把我们的形象深深地刻在对方的脑子里。一般的人际交往很难给人留下深刻的印象，我们只有做出超出预期的事情，触动对方内心，才能让对方牢牢地记住我们。

我有一个朋友是做健康管理的，其公司文化只有8个字：五星服务，健康第一。我觉得"五星"二字没有标准，客户很难体会到。他是怎么做的呢？

有一次，得知某个客户生病住院后，他为了买到野生鲫鱼，走了几个菜市场。他亲自把汤熬好，用保温瓶装起来。适逢下雨，由于没有打到车，他打着雨伞走了30多分钟，才把鲜美的鱼汤送到了客户的病床前。客户看到他全身湿透的样子，感动得泪流满面……

打造个人价值，塑造个人形象，没有捷径，只有认真。认真到什么程度呢？我有一个朋友，他的孩子在刚入职场的时候，除了做事认真，几乎没有其他优势。

他做的是销售工作，每个月底，他都会主动把自己当月的销售情况、销售心得、个人经验写一篇2000字左右的文档,然后打印出来交给主管,请主管提出意见和建议,并虚心向主管请教和学习。

刚开始,主管感觉到很吃惊,后来就慢慢习惯了,并十分乐意和他交流探讨工作。一年后,他的能力有了突飞猛进的提高,得到了领导的赏识和提拔,成了部门经理。

领导是他的"贵人"吗?当然是,但他也是自己的"贵人"。他做的一切不是公司要求他做的,而是他自己主动做的,这才是关键。

如果你想有所作为,就一定要做一个积极主动的人。你越认真,你的机会就越多。当你认真起来的时候,"贵人"自然就发现你了。

【极速小语:"贵人"不是等来的,也不是碰上的,我们只有创造自己价值,才能遇到自己的"贵人"。】

6.10　原来这才是真正的人脉

在现实生活中，你认识多少人并不重要，重要的是，有多少人认可你。人脉的本质其实是价值的交换。当你希望从别人那里得到帮助时，首先得想想你能给对方提供什么价值，对方为什么要帮助你。

很多人将人脉神化，试图通过经营人脉让自己变得强大。与其有这种心思，还不如把时间和精力用在自我价值的提升上。当我们能够给他人提供巨大价值时，我们自然会吸引更多有价值的人脉。

我们只有立足自己、提高自己，才能与他人进行社交，一味地从他人那里索取，只会沦为"社交乞丐"。如果我们自己没有价值，认识再多的人也没用，因为每个有价值的圈子，都是一群有价值的人的组合。你不盛开，蝴蝶何来？

罗振宇曾说，一个人的财富基本盘分两个部分：一部分是自己的本事，另一部分是连接他人的本事。前者是 1，后者是 0，后者是前者的放大器，如果没有前面的 1，就算认识再多的人，也是没有意义的。

因此，获得优质人脉的关键是，创造价值，输出价值，让别人认可你的价值。你能为他人创造多少价值，你就有多少价值。你真正的人脉，不是那些能帮到你的人，而是那些你能帮到的人。

刚刚做礼品生意的时候，有一段时间，我经常拿着礼品四处拜访经销商，但他们都不怎么看好我的产品。后来，我潜心打磨产品，持续输出爆品，我的产品一下子在市场上火了。很多经销商慕名而来，我的人脉一下子就广了。可见，人脉是双赢，而不是单方面的消耗。

我有一个朋友是甲方，他有个装饰工程准备招标，问我有没有合适的装修公司。我发了一个朋友圈，随后有两个朋友联系我，我们进行了初步的洽谈。

朋友 A 询问了相关情况，并展示了他们公司的案例和实力，给我留下了深刻的印象；朋友 B 跟我认识的时间虽长，但他的作品寥寥，也没有什么出彩的地方，但他当场向我表态，说只要我引荐，事成之后，他必有重谢。

我婉言谢绝了朋友 B，把朋友 A 推荐给了我的朋友，并让他按照最严格的要求进行洽谈。后来，他们顺利达成合作，对彼此都非常满意。我为什么不把朋友 B 推荐给我的朋友呢？

一切的合作，都应建立在双方的价值基础之上。朋友 A 的价值，我初步是肯定的，而朋友 B 的价值让我十分担心，因为他试图以收买我的方式来获得这次机会。他收买我的钱来自哪里呢？有没有可能以工程的质量为代价？

如果我帮助朋友 B 促成此事，相当于我出卖了自己的信用。最后的结果很可能是，我收了朋友 B 的钱，他以不对等的价值获得了这次机会，而不对等的部分，就是我出卖自己信用得到的钱。最终，工程质量出现了问题，我失去了那个信任我的朋友。

从这个案例中，可以看出，人脉的初期是取舍，我们应该选择更有价值的人合作；中期是价值的交换，只有平等的价值才能撮合交易；后期是关系的稳固程度，只有双赢才能长期持久。

在人际关系中，你能为他人提供多少价值，就能获得多少回报。你赚到的每一分钱，都是帮助他人解决问题的回报，没有人愿意和一个没有价值的人交往。所以，努力提升自己的价值，是拥有良好人际关系的开端。

我们应该潜心修炼自己，努力创造价值，只有我们自己越来越优秀，我们才能吸引更多的人，我们的人脉才能越来越广，质量越来越高。

【极速小语：低质量的社交，不如高质量的独处。真正聪明的人，往往很少花时间去交朋友，要想拥有真正的人脉，就要先经营好自己，让自己变得强大。】

| 第 7 章 |

多维成长——
成长，不只一面

7.1　千万不要成为这种人，否则你很难成长！

朋友曾给我讲过一个故事。他有两个同学：一个聪明机智，似乎无所不知，无所不晓，大伙儿都叫他"百晓生"；另一个"愚钝笨拙"，总是反应迟钝，后知后觉，大伙儿都叫他"慢半拍"。

大家在一起讨论问题的时候，百晓生永远是最积极的那一个，只要话匣子一打开，他就能把话题从一维世界聊到多维时空，从小到针尖延展到浩瀚宇宙，大家为了跟上节奏，只好不断地点头。

而慢半拍呢？他有一个习惯，不懂的问题总爱向百晓生请教。百晓生的幸福感总在这个时候直线飙升。百晓生好为人师，从不吝惜自己的"才华"，经常把慢半拍说得目瞪口呆。那几年，百晓生的优越感经常从脚底涌向头顶。

多年后，早已投身社会的百晓生居然也不堪生活的重负而频频跳槽，希望能找到一个中意的东家。他广投简历后，收到了一家公司的面试通知书。当他进入面试房间的时候，不禁惊呆了，对面的面试官竟然是慢半拍！百晓生顿时感到惊讶、尴尬、感慨、失落，各种情绪涌上心头……

这是一个具有戏剧性的真实故事。真正厉害的人，总是低调谦逊、虚心学习，而假装厉害的人，总是虚张声势、扬扬自得。百晓生遍地都是，而稀缺的慢半拍才是真正的赢家。

生活中，你所拥有的，可能正在让你失去；你所渴望的，可能正在向你走来。保持开放的心态，虚怀若谷，敢于否定自己、打倒自己，走出固执、狭隘的自我，才能得到真正的成长。

我在做礼品生意的时候，曾经有人让我帮忙代销某款产品。对方极尽溢美之词夸赞这款产品，说自己倾注了所有的心血来打造这款产品，这是他一生的巅峰之作，不敢说后无来者，但绝对是前无古人。

那它的销量一定不错吧？我问道。他摇了摇头，叹了口气，然后以产品在渠道、人脉、资金、推广等各方面遇到的问题描述了自己的困境。总之一句话：产品没问题，都是其他方面的问题。

我婉言谢绝了合作，因为一个真正好的产品，是不缺资金、渠道和人脉的，只有不够好的产品，才需要靠"托关系"来弥补。

敢于正视自己的不足，保持谦虚的心态，不断提升自己，才有更多的生存机会。满招损，谦受益，敢于不如人，才能胜于人。

我在做电子商务公司的时候，与公司合作的运营团队可谓是"顶尖高手"，声称自己有20多年的运营经验，拥有好几万人的团队。他们的商业模式是市场上最先进的，年销售额至少5亿元起步；心情"愉悦"的时候，他们甚至连电商巨头都不放在眼里。

他们说的全是高大上的战略，但一说到战术，总是含糊其词、模糊不清。我感觉自己的身份只适合听他们聊战略，而我的心里总有一种不安的感觉。

结果证明了我的担忧。以后每每在与人打交道时，我都会特意地观察对方的言行，凡是夸夸其谈、满口承诺的人，我都要给他们打个问号，再把其可信度打个5折。我不断去验证，最后发现很多人连1折的水平都没有达到。

真正厉害的人，从来都不会说自己很厉害，反而是那些没有什么本领的人，总爱标榜自己。如果厉害靠吹牛，那么牛这么憨厚老实的动物真是背了个"大黑锅"！

我曾经合作过的一个企业主，因为自己的问题把事情搞砸了，但是他不仅不好好反省，还把责任推卸给对方，实在令人失望。而另一个企业主，却因为自己的一点点失误不断自责、不断检讨。人与人的差距，大概就在这里吧！

弱者用语言强大自己，强者用实力证明自己；弱者用自负毁灭自己，强者用自谦成长自己。做弱者还是强者，只在一念之间，结果却天差地别。

前几年，我在向一家财税公司的经理做咨询时，恰好一位相关部门的老领导也在。因为一个财税问题，经理和这位老领导的意见出现了分歧，并激烈地争执起来，气氛十分尴尬。我心想，可能是这位经理怕丢脸。老领导德高望重，怎么可能出错呢？

大家平息了片刻，不一会儿，老领导突然说："不好意思，我刚刚忽略了一个细节，真抱歉，是我错了！"老领导的话诚意满满，我们瞬间被征服了。这才是真正的力量！

敢于承认不足的人，格局都很大；敢于示弱的人，心中都藏有千军万马；敢于承认错误的人，往往都很强大。

一个市区的冠军看到省冠军的时候，才知道什么是优秀；一个省冠军看到全国冠军的时候，才知道什么是卓越；一个全国冠军看到奥运冠军的时候，才知道什么是强大。奥运冠军就是最厉害的人了吗？不，每年都有人不断刷新奥运纪录，他们才是真正强大的人！

天外有天，人外有人。在这个世界上，好是没有止境的，优秀是没有边界的，甚至那些优秀的人，比你还要谦虚，比你更加努力。你有什么理由骄傲自满呢？

【极速小语：在成长过程中，我们要花很长的时间来建立自我，还要花更长的时间来突破自我。只有放下自我，摆正心态，走出狭隘与固执，才能与成长一路同行。】

7.2 过了这一关，你才能看到星辰大海

曾经在网上看到这样的新闻：一个成绩优异的孩子，因为一次考试失误，患上了抑郁症；一个优秀的员工，由于工作任务没有完成，居然有了轻生的念头；一个创业者，在公司遭遇破产后，选择结束了自己的生命。

人生就像参加一场场考试，不同阶段的考试，有不同的试题。人生最大的一场考试，就是应对挫折和逆境能力的考试，考的是我们的逆商。逆商是指人们面对逆境时的反应方式，即面对挫折、摆脱困境和战胜困难的能力。人类的智商相差无几，最终决定胜负的是一个人的逆商。

如果智商和情商是与他人打交道的能力，那么逆商就是与自己打交道的能力。前者决定了你能走多快，后者决定了你能走多远。如何面对逆境，体现了一个人的态度和格局。巴顿将军说，衡量一个人成功与否的标志，不是看他登上顶峰的高度，而是看他跌到低谷的反弹力。

当突如其来的新冠肺炎疫情暴发时，很多公司都无法正常营业了，不过工资还得照发，租金仍需照交。朋友跟我说，辛辛苦苦十几年，这次恐怕真的要"回到解放前"了。

有的人思虑过度、焦躁不安，有的人内心惶恐、度日如年，有的人心绪不宁、波澜起伏。他们备受煎熬，拱手把命运交给了天意。

不过，还有一些人主动向房东争取减免房租；有的人亲自上阵，通过视频号卖起了蔬菜；还有的人到那些需要人手的公司去打工，用挣来的钱给自家员工发工资。一切都是为了活下去。

我曾经问朋友，再这样下去，公司还能撑多久？他笑着说，自己也不知道，虽然不一定撑得下去，但也算挣扎了、尽力了，总比坐吃等死、听天由命强多了！

我在朋友身上看到的是希望，而不是绝望；是乐观，而不是悲观。我想，当大家面对逆境时，那些不抛弃、不放弃的人，虽然不一定能渡过难关，但他们的生存概率肯定比那些退却者、放弃者要大，这就是逆商的价值和意义。

一个人的逆商，一般通过四个维度来表现：

一是掌控感。这件事我是否能够掌控？我们对事物的掌控感越强，我们的逆商就越高；反之，我们越被动，我们的逆商就越低。

二是担当力。面对眼前的困难，我能做些什么？我是否做好了心理准备，愿意承担相关后果或者相应损失？当我们有担当力的时候，就能果断采取行动，而不会踟蹰不前。

三是影响力。这件事会影响到我的生活吗？有些人在遭遇挫折的时候，会把所有注意力都聚焦在困难上，被挫败感吞噬。而逆商高的人，会严格控制事件的发酵程度，从而避免事件影响到自己的生活。

四是持续性。这件事会持续多久？我是不是应该尽快走出困境，寻求突破？逆商低的人，很长时间都会被笼罩在阴影之下，给自己造成巨大的压力和损失。

逆境不可怕，可怕的是我们没有做好心理准备去面对它。既然逆商是我们应对逆境的方式和能力，那么我们应该如何提高自己的逆商呢？

第一，优化我们的思想观念。

首先，我们既要坦然面对困难，又要勇于接受失败。既然失败是不可避免的，何不大胆接受呢？我们千万不要提前给自己设置障碍。当我们直面挫折的时候，可能会发现，困难并不可怕，可怕的是我们过早地示弱。

其次，改变认知，阻止负面思想的蔓延。当我们面对逆境没有掌控感和担当力的时候，负面思想就会扩大，如果不加以阻止和干扰，它就会蔓延到更大的范围。我们可以采用一些方法，比如通过运动转移注意力、看一些励志的影片、听一些放松的音乐、关注自己的初心等，为自己找回能量。

第二，找到根源，采取行动。

如果一个问题的难度为100%，当我们改变思想，藐视它的时候，它的难度就降到了50%；当我们开始剖析它，并找到问题的根源时，它的难度就降到了30%；当我们制订计划、采取行动时，它很快就会土崩瓦解，不复存在了。

在生活中，一切困难不在其本身，而在于我们是否有解决问题的勇气和决心。决心是这个世界上最强大的力量，它是我们立身处世的根本。

第三，在逆境中修炼自己，塑造强大的心力。

什么是心力？它是来自心灵的力量，是一个人的承受力、忍耐力、包容力、成长力。树有树根，人有心力，一切始于心，终于心。

提升心力，需要戒掉怨气、摒弃浮躁、反省自身、修炼内心，在困难中摔打自己，在挫折中淬炼自己。当我们拥有强大的心力时，既能披荆斩棘、一路向前，又能忍辱负重、无所畏惧。

本·霍洛维茨在《创业维艰》中写道："在担任CEO的8年多时间里，只有3天是顺境，剩下的8年几乎全是举步维艰。"而关键问题是，当我们面对逆境时，是咬紧牙关、负重前行，还是笑对人生、举重若轻。

成长经常伴随着痛苦，我们无法逃避痛苦，但我们有在痛苦中选择生活态度的权利，即使身处绝境，我们依然可以从容面对。

【极速小语：人生就是一场闯关游戏，我们要在顺境中飞翔，在逆境中成长，过了这一关，我们才能看到星辰大海。】

7.3 成长,如何才能杜绝"间歇性"努力?(上)

每个人都渴望极速成长,可是,对于一些人来说,成长是一件非常艰难的事,因为在成长的过程中,会面临很多困难和挑战。

我们给自己定下了许多成长的目标,比如早起、阅读、健身等。一开始,我们总是热血沸腾、信心满满,可坚持一段时间后就草草收场了。我们常常陷入"间歇性努力,持续性懒散"的怪圈之中,如果不能使努力成为一种常态,我们又如何成长呢?

为什么努力会变得这么吃力呢?因为我们的努力通常都是强制性的,强制性早起、强制性阅读、强制性健身……而我们的内心呢?恰恰相反,它并不乐意接受这些强制性的约束,也就是说,我们的努力是"反人性"的。

"反人性"的努力能持续吗?当然不能!因为它会令我们感到痛苦,我们会从内心深处抵制和排斥这种努力,以至于越努力越排斥,越努力越痛苦。我们达成目标的欲望和内心深处的抵制会形成博弈,我们很快便会陷入间歇性努力的恶性循环。

小 A 告诉自己要早上 6 点起床,可闹钟响了一遍又一遍,就是起不来;小 B 规定自己每周看一本书,可一周过去了,一本书才看了 10 多页;小 C 下定决心每天跑步 30 分钟,才跑了 2 次,就腰酸背痛不想去了。

其实，每个人都想通过努力过上更好的生活。既然选择努力，就要懂得舍弃，给自己制定一些规则和限制，这就是我们常常讲的自律。

自律即高级，自律才自由。是的，自律确实可以让我们获得更高级的东西，但自律真的让我们身心愉悦和自由了吗？恰恰相反，很多时候，我们越自律，越求而不得，因为我们的自律，全靠意志力苦苦地支撑着。

我们要想达成目标，就要抵制外界的各种诱惑，强迫自己去完成一个又一个艰巨的任务。当我们面对困难和挫折时，我们的意志力越强大，就越能战胜困难，获得成功。

英国文学家塞缪尔·约翰逊曾说："成大事不在于力量的大小，而在于能坚持多久。"对于个人而言，拥有强大的意志力，是取得成功的重要保障。

然而，意志力是有限的。当意志力消耗殆尽的时候，其力量就会越来越弱。因此，我们想要通过意志力来达到自律，倒逼自己形成一种自律的生活方式，往往是行不通的，因为我们很难将自己的意志力长期维持在很高的水平。

在现实生活中，我们更喜欢做让自己感觉良好的事情，而不喜欢做让自己感觉糟糕的事情，所以，当我们启动意志力来迎接挑战的时候，就是我们暂时违背本能的时候。于是，矛盾很快就出现了。一边是靠意志力支撑的自律，一边是强大的本能。当意志力在短时间内大于本能的时候，自律会发挥一定的作用；但随着时间的推移，强大的本能很快便会战胜意志力，并迅速反弹。

我们都知道健康的重要性，可刚刚锻炼几天，就感觉太累，不想坚持了。经过一番思想斗争后，本能很快占据了上风，我们便顺理成章地放弃了。这是许多人的自律历程。当意志力渐渐衰退后，我们开始对自己的能力产生怀疑，并对自己的欲望感到恐惧，甚至出现逃避的心理。

我们曾经认为压力就是动力，只要多给自己一点压力，就能实现自己的梦想。可是，现实往往事与愿违，我们"自虐式"的努力并没有得到想要的效果，我们反而对自律产生了一种厌烦的心理。可见，如果一件事情需要我们竭尽全力地咬牙坚持，我们能坚持多久呢？

然而，有的人每天5点就起床早读，有的人每天都坚持学习，有的人天天参加锻炼……是他们的意志力更强大吗？不，他们做这些事既不需要痛苦地坚持，也不需要强大的意志力，因为他们非常享受这样的生活方式。

在他们那里，自律变得毫不费力，因为他们早已超越了本能，并成功地驾驭了本能。他们遵从自己内心真实的感受，把自律变成了自驱。

什么是自驱？自驱就是你理解并顺应内心的真实感受，然后让这种感受引导自己去做正确的事情，比如健身。除非你深刻体会到健身带来的好处，否则你很快便会丧失意志力。

自律会让我们压制内心享受舒适的本能，带着痛苦去锻炼；自驱会让我们为了得到更好的身材、健康的体魄，给意志力持续"供电"，从而形成了强大的自驱力。

瞧瞧，我们再也不用通过自律来和自己"对着干了"，我们开始顺应本能接纳自己，从而产生一种自驱力。现在，这种坚持就变得毫不费力了！

现在我们终于明白了，自律不是违背自我的感受，而是遵从内心的声音，因此，我们追求的不是自律，而是自驱：我们早起，是因为早起可以让我们成为积极向上的人；我们阅读，是因为阅读可以让我们成长；我们锻炼，是因为锻炼可以让我们活力四射。

可见，只有当我们开始自我接纳，愿意对自我负责的时候，我们才有足够的动力去改变自己，从而持续去做那些有益于人生的事情。那么，我们具体需要怎么做呢？

【极速小语：自律消耗意志力，自驱提高战斗力，比起自律，我们更需要自驱。】

7.4 成长，如何才能杜绝"间歇性"努力？（下）

相对于克己式的自律，自驱才是一种更强大的生活方式。它让我们学会接纳自己，发现自己真实的需求和感受，从心出发，笃定前行，从而为我们的生活提供源源不断的动力。

一个人的自驱模式，是由三部分组成的：第一，我想成为什么样的人；第二，我需要采取哪些行动；第三，通过自律，我成为我想成为的人。

比如，你想成为演讲达人，那你的自驱模式应该是这样的：

首先，你为什么想要成为演讲达人？因为你经常出席各种行业会议，你想通过演讲，把公司的产品展现给更多的潜在客户，让产品获得更多的曝光机会，从而收获更好的业绩。于是，练就一副好口才就成了你的刚需。

其次，既然演讲对你这么重要，那么你自然愿意花更多时间去培养自己的演讲技巧和能力了。

最后，通过大量的学习和不断的练习，你终于拥有了较高的演讲水平。通过演讲，你的产品得到了更多人的认可和欢迎。现在，你终于通过自驱达成了目标！

因为有了持续的内在刚需作为驱动，所以我们的自律才会持久。这种自驱模式，其实就是为我们所做的事情赋予足够的意义，从而让我们找到坚持的动力。那么，我们应该怎样培养自己的自驱力呢？

很简单，我们只需要改变自己的目标，即我们不要把"结果"当目标，而要把"养成习惯"当目标。怎么理解呢？

以减肥为例。我们总爱给自己制定这个月减多少斤、这个季度减多少斤的目标，这些量化的短期目标，看似没有问题，但在执行的过程中，会让我们面临很多挑战。比如，吃饭的时候，我们会纠结每餐的品种和分量；运动的时候，我们要考虑运动的频率和强度。这种目标和本能的较量，很容易消耗我们的意志力，效果很可能不尽如人意。

我们追求的短期目标，往往是靠牺牲意志力来达成的。一旦目标达成，副作用马上就会呈现，我们的意志力很快就会被削弱，坏习惯立即重现，这就是很多人减肥反弹的重要原因。

这就像我们努力把石头推向山顶一样。由于地心引力的作用，石头很容易就会从山顶上滚下来。如果我们换一种方式，把有限的意志力放在达成目标的习惯培养上，结果可能就不一样了。

我们不要关注每个月、每个季度减了多少斤，而要把注意力聚焦在哪些行为习惯可以帮助我们减肥。于是，我们开始培养重视饮食的习惯，培养锻炼身体的习惯。通过培养良好的生活习惯，我们最终达成了减肥的目标。

我们的学习成果可能会改变，但是，我们养成的学习习惯会让我们终身受益，这就是培养习惯的重要性。它决定了我们将会成为什么样的人。那么，我们应该如何培养自己的习惯呢？

第一，要找到采取行动的意义。

我策划过很多健康项目，其中一些因为没有深远的意义而夭折了，直到有一天，我认识了某慢性疾病中心的主任。他是中医药量化研究的发起人，其独特的中医药治疗方案，对各种顽固慢性病的治疗效果突出。我决定与他进行深度合作。

因为社会共识和教育成本太高的问题，该项目的进程十分缓慢。但是，由于这套技术体系可以帮助更多的患者朋友脱离苦海、重获新生，所以激起了我强烈的责任心和使命感。

当熙熙攘攘,皆为私利的时候,我们的内心是弱小的;当奉献价值,意义深远的时候,我们的内心是强大的。做那些有长远价值的事,我们浑身都会充满力量。如果你也是一个正能量的人,欢迎添加我的微信 dfdg131419,大家相互学习,共同成长。

第二,要发现事物的本质。

比如,阅读是为了获得有用的知识,而不是为了看更多的书籍。阅读是获取知识的一种方式,用知识武装头脑,产生更多生产力,才是阅读的本质。所以,我们只有清醒地认识到行动的本质,才能最大限度地调动我们的意志力来实现目标。

第三,要从养成小习惯开始。

我们刚开始培养习惯的时候,一定要从小事做起,否则容易与我们的本能产生冲突,不易执行。比如,我们要培养阅读习惯,可以从每天看 2 页书开始;要培养跑步的习惯,可以从每天跑 500 米开始……当我们在小习惯上坚持久了,就会慢慢形成长期习惯。各种小习惯不断叠加,就会产生巨大的复合效应,从而让我们的人生迈向新的高度。

在以自驱模式培养个人习惯的过程中,习惯与本能的冲突仍然会产生一些痛苦,只不过我们不是与痛苦抗争,而是在苦中作乐;不是回避痛苦,而是主动承担,痛并快乐着。这种痛就很有意义了。

在我们努力的过程中,别人看到的可能是我们强大的自控力和意志力,但对我们来说,自律只不过是我们内心深处的顺势而为。只有这样的努力和成长,才能让我们杜绝"间歇性"努力。

【极速小语:找到内心真正渴望的东西,培养自己的行为习惯,将有限的意志力作用于自驱模式,才能实现真正的极速成长。】

7.5 九条价值不菲的成长经验

以下九条经验是我多年的成长心得及重要的学习感悟,每一条都价值不菲。这些简单好用的经验你知道得越早,你的成长就越快!

第一条,保持积极阳光的心态,是人生成长的最大能量。

一个人越是自怨自艾,心情就会越低落,能量也会越来越弱。你只有转念心境,不断给自己输入积极、正面的思想,才能让自己充满力量。

你可以听一些积极的音乐、看一些正能量的书籍、多使用积极的语言,并在朋友圈分享成长的体会,长期下来,便会累积满满的能量。这些能量不仅可以强大你自己,还可以影响他人,帮助他人。

第二条,分清消费与投资,在黄金时期抓紧累积资本。

过度消费只会让你压力重重,学会舍弃不必要的花费,比如购买奢侈品、高档消费等,把钱投资到增长见识、结交高人、养生健身等方面,将使你获得长期丰厚的回报。性价比最高的投资,就是投资自己的成长。

年轻人不要计较一时的得失,一切都应该以学习知识、积累资源为目标,利用精力的巅峰时期,去做有利于成长的事情,而不是混日子、浪费青春、被动成长,否则迟早是要后悔的。

第三条,拥有为自己打工、对自己成长负责的心态。

有的人总是抱着拿多少工资，干多少活的心态。但从成长性的角度来看，这种工作方式等于埋葬了自己成长的机会。

上班是一个几乎不会亏本，不用承担经营风险，还能免费实践，使自己不断成长的买卖。老板负责拿钱"养你"，你只管利用公司的平台学知识、学技术、学经验就行。这等好事，不努力怎么对得起老板的一番"苦心"？

工资是有上限的，成长却是无限的，你不是在为别人打工，而是在为一家叫作"自己"的无限责任公司打工。加油吧，打工人！

第四条，创造一段闪耀的经历，为自己的人生打造亮点。

如果一个人一生都没有一个亮点，会不会有点遗憾？找到自己的优势，为自己创造一段闪耀的经历，你就会变得越来越自信，越来越有能量，也更容易获得他人的好感，交到更高质量的朋友，并持续收获人生的复利。

第五条，不走捷径，就是最快的路径。

容易的事，谁都能做，其成功之路上必定人满为患、拥挤不堪，导致竞争激烈，越做越难；难做的事，有一定的门槛，做的人少，虽然开始很难，但是一旦上路，后面就会越来越容易。坚持做难而正确的事，也许才是明智的选择。

世上无难事，只怕走捷径。有的人渴望一夜暴富，有的人喜欢稳步增长，高速成长的秘诀其实是日积月累，走捷径只会让你走上更加曲折的道路。伪聪明总在寻找，真聪明都在坚持，正确的路只有不绕弯、一直走，才能更快到达目的地。

第六条，学会投资理财和定期储蓄。

生活中的烦恼很多都是因钱而起的，钱不是万能的，但没有钱是万万不能的。学会投资理财，根据每个月的收入情况，养成定期投资和储蓄的好习惯，会让你更有安全感。

我有一个朋友，自己经营着一个企业。他把家庭开支、生活开支、教育开支、养老开支分别设立了账户，除了定投一些优质项目，他还给自己存了一笔应急备用金。当企业效益不好的时候，他依然可以平稳度过。而有的人，在经济宽裕时，风光无限，一旦经济出现困难，便危机四伏了。可见，未雨绸缪，学会投资理财和定期储蓄，是人生的必修课。

第七条，睡前做好三件事，每天都会有进步。

第一件事，写下第二天要做的工作。每天睡觉前，我都会利用几分钟时间，在手机备忘录上按重要顺序写下第二天要办的事情，这样我就可以保证每天都不会落下最重要的事，我的工作就会特别有效率。

第二件事，准备好第二天要穿的衣物。这样每天在早起的时候，我就不会因为今天要穿着什么、怎么搭配而浪费时间。高效率是从早上起床就开始的，它会影响我们一整天的心情。

第三件事，闭上眼睛，利用几分钟时间对当天发生的事情进行复盘。你可以想一想自己哪些事情做对了，哪些事情做错了，哪些地方需要改进，接下来应该怎么做。如果有非常重要的感悟，可以马上记在手机备忘录里，短短的几分钟，会让你进步神速。

第八条，能用钱解决的事情，就不要浪费时间。

如果做某件事，需要花费你3天时间，但是你也可以花费一些金钱来办好这件事，而且这3天时间你可以做更多有价值的事情，那么你应该毫不犹豫地花费一些金钱，而不是花费3天时间去做那件事。记住：能用钱解决的事情，就不要浪费时间，因为时间是这个世界上最奢侈的东西。

我们在年轻的时候，可能觉得一辈子很长，其实这只是个错觉。看看下面这张图（见图7-1），假设一个人平均活80岁，每一个方格代表1个月，人生只有960个方格而已。如果你每过完一个月，就依次填满一格，你看看自己还有多少没有填满的方格。

第九条，身体是革命的本钱，健康是人生最大的财富。

有人曾经问我，人生最重要的是什么？当事业、财富、家庭都被一一否定的时候，我甚至怀疑是否还有更好的答案。当朋友说出"健康"二字时，我才恍然大悟。是呀，如果失去健康，我们的人生还会剩下什么呢？

吃垃圾食品、熬夜追剧、无休止地工作……当你一味透支自己的身体时，身体自然也不会照顾你的感受。你对它的不好，它会一一奉还。你可以到医院去看看那些遭受病痛折磨的人。如果没有健康，人生还有什么意义呢？

健康是一种责任：对自己的责任，对家庭的责任，对社会的责任。请善待自己的身体，因为它是你幸福生活的前提。

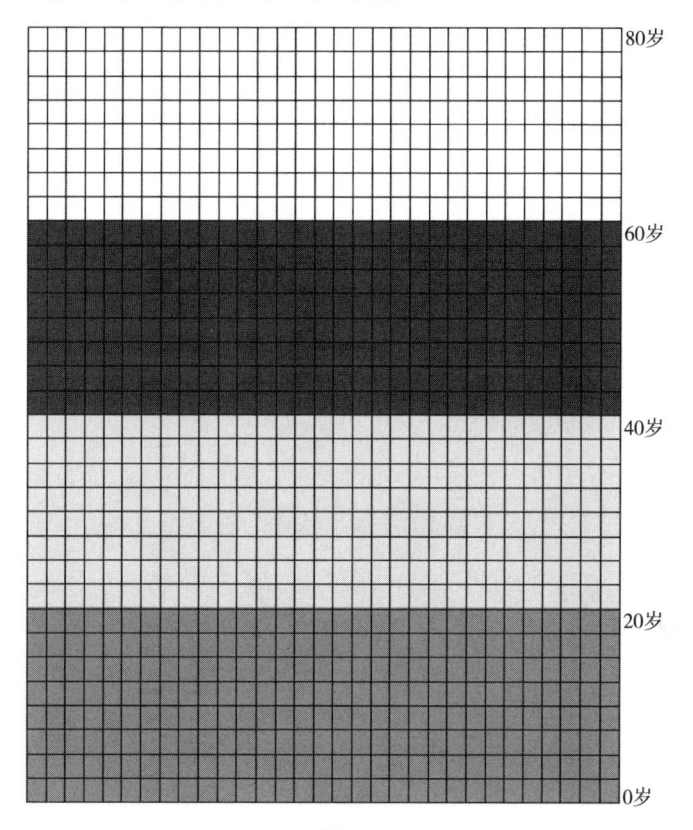

图 7-1

【极速小语：会当凌绝顶，一览众山小。决定你高度的，不是位置，而是思想；决定你速度的，不是先天的优越感，而是你的不断成长。】

7.6 原来这才是婚姻的本质，早知道就好了！

朋友问，你怎么还没结婚啊？我只好苦笑着说，可能是我的光亮太微弱了，对方还没有发现我吧！

我虽然是个未婚人士，但并不妨碍我对婚姻的憧憬和肯定。结婚是人生最伟大的抉择，是改变一个人命运的历史时刻，具有非凡而深远的意义。

针对离婚率有所升高的问题，我认为相对于离婚冷静期，结婚冷静期显得更加重要，也就是说，如果不想离婚，就不要盲目结婚。通过学习和对身边朋友婚姻的感悟，我提炼了一些问题，如果你还没有想明白这些问题，就不要轻易结婚。这些问题可能稍显枯燥，但我强烈建议你仔细看完。

（1）你能正确地认识自己吗？你目前适合结婚吗？

（2）他（她）的哪些地方吸引了你？你们有共同之处吗？对方是否有你特别喜欢的品质？你们经常表达对彼此的欣赏吗？

（3）你们是否能接受对方的个性和脾气？即使在生气时，是否也能为对方着想，并照顾对方的情绪？彼此能做到相互体谅吗？对方有没有令你无法忍受的地方？

（4）对方是否来自一个和谐、幸福、充满爱的家庭，双方父母对你们结合的态度是怎样的？他们有不同的意见吗？

（5）你们的赚钱能力和目标是什么？你们的消费观和储蓄观是否存在不一致的地方？

（6）如果对方背叛了你，你应该怎么办？对于离婚，你们能够做到冷静处理，好聚好散吗？

（7）组建家庭意味着分工与合作，会面临选择与放弃，你们是否深入讨论过这些问题？是否达成了一致意见？

（8）你们是否会从共同的角度去思考问题？是否愿意共同面对问题？你们未来几年的规划是什么？你们的理想生活是怎样的？

（9）你们做过健康体检吗？是否可能存在生育方面的问题？

（10）你们要不要孩子？计划什么时候要孩子？关于孩子的教育问题，你们是否达成了一致意见？

这些婚前必问的问题，在此权当抛砖引玉。每个准备组建家庭的朋友，都应该结合自身情况，认真思考，慎重决策。你婚前没有关注的问题，很可能成为你婚后的大问题；你对待婚姻的态度，就是婚姻对待你的态度。

每个人都希望找到一个理想的伴侣，可怎样才能找到满意的另一半呢？

有人说，要长得好看。好看的外表只是你的资格，并不是你的资本，就像你拿到了名校的文凭，只是比别人更容易找工作而已，但事业发展得怎么样，还得靠真本事。好看的外表，只能算是一块敲门砖，它会随着时间的推移慢慢贬值。

有人说，要对自己好。西施长得很漂亮，很多人都想对她好：张三可以给她做饭，李四可以给她洗衣服，王五可以为她赴汤蹈火……她经常感动得落泪。对她好的人，可以排到几千米以外，她应该嫁给谁比较好呢？

有人说，要对自己付出真心。但现实情况是，真心无法解决婚姻生活中的所有问题。如果你只有真心，却连一瓶牛奶、一个面包都买不起，那么你可以暂时收好你的真心，努力拼搏，好好奋斗，等你有了一定价值的时候，你的真心才更好用。

每个事物的背后，都标注了相应的价值，好看、感动、真心确实很重要，但它们都有对应的价值和权重。婚姻是追求幸福感的，你得清楚哪些价值才能给你带来幸福感。

如果结婚是合作开公司，孩子就是公司的产品。如果注册资金为100万元，你只出了10元，却占了50%的股份，你觉得对方愿意吗？婚姻是一个价值匹配的过程，只有价值匹配，才有幸福的婚姻生活。

婚姻关系的本质就是价值交换，价值完全不对等的关系，怎么可能长期持久？作为女孩，你想有一个帅气、多金的男孩爱你，你能为他提供什么？作为男孩，你想和一个漂亮、有才的女孩在一起，你有什么稀缺价值？

价值是分稀缺程度的，越稀缺，越有价值。我整理了几个重要的婚恋元素，你可以对照打分。

如果把颜值分为5档：很好看为5分，挺好看为4分，还可以为3分，马马虎虎为2分，不好看为1分。

如果把财富分为5档：特别有钱为5分，比较有钱为4分，生活无忧为3分，捉襟见肘为2分，生活潦倒为1分。

如果把品性修养分为5档：品质高尚为5分，优秀为4分，良好为3分，一般为2分，较差为1分。

如果把某种特质分为5档，总分为5分，打分根据其社会稀缺性，以及在对方心目中的分量来确定。

注意：颜值包括长相、身高、身材等，财富包括有形资产、无形资产、增长潜力等，品性修养包括道德情操、个人修养、为人处世等，特质包括学历、专长、资源及其他综合能力等。

当然，每个人的评价要素和评价标准是不一样的。一个人的吸引力是由他的综合价值决定的，如果一个人的满分为20分，那么最佳的匹配关系就是分数接近的两个人。一个18分的人，是很难和一个只有8分的人匹配成功的。在一组成功的匹配中，得分较高的人，往往占据着主导地位。

综合价值分数越高，吸引力越大。一个人提升魅力值最好的办法，就是努力提高自己的综合价值分数。当你在选择别人的时候，别人也在选择你，你希望对方多优秀，你自己就得多优秀。

最能体现一个男人身份和品位的，就是他身边的女人，一个男人选择的女人代表了他的眼光和社会地位。一个女人最贵重的奢侈品，不是名牌包包和化妆品，而是他身边的男人。所以，请用一生的时间，把自己打造成对方心中的偶像吧！

【极速小语：在婚姻中，没有完美的个人，只有完美的家庭。夫妻的本质是合作，要发挥 $1+1>2$ 的作用；同时，夫妻间应该相互包容，相互尊重，彼此学习，共同成就，这就是 $0.5+0.5=1$ 的含义。】

7.7 教育孩子的秘密

父母是孩子的第一任老师，家庭是孩子的第一所学校。孩子的成长，80%是由父母所影响的。第一次为人父母，自然没有什么经验，所以，在教育孩子前，父母应该自我学习、自我教育。

第一，阅读大量经典的教育书籍。这些书籍都是别人几年，甚至几十年的教育精华和经验，拿来就用，可以减少我们大量摸索的时间。

第二，向有成功经验的人士请教，或者选择知识付费服务。对孩子成长教育的投资，是伟大的投资。

第三，根据孩子的实际情况，不断实践，总结经验。适合孩子的，才是最好的，但前提是，你的教育认知要足够强大。

以上三条路径，从自己懂得到请教经验，再到不断实践，是一个不断进阶的过程，总结起来就是：自己学习，自己先懂，是教育孩子最重要的前提，这是教育孩子的第一个秘密。

我有一个朋友，他和他的妻子要求孩子不要贪玩、少看电视、少玩游戏等，他们自己却经常玩游戏、不分昼夜地追剧……

一些父母不懂得言传身教的重要性，他们说一套，做一套。"你凭什么这么要求我，自己却那样做？"这是很多孩子在心里对父母的质问。

所以，千万不要把对孩子的教育和自己的行为割离开来。你怎么做，他就怎么学。做孩子的偶像，成为他们的榜样，才是最好的教育方式，这是教育孩子的第二个秘密。

一些家长总爱说孩子不懂事，其实，孩子不懂事本质上是父母不懂事，孩子的问题都是父母的问题。在孩子的身上，我们看到的是父母的影子，想要孩子懂道理，父母首先要做得有道理。做得有道理，远远比说得有道理重要。

我朋友的孩子快 8 岁了，他有一个浪费粮食的坏习惯，每次父母给他讲道理，他都听不进去。这也难怪，很多孩子连粮食是怎么生长的都不知道，又怎么能知道农民伯伯的艰辛呢？

暑假的时候，朋友联系了老家的亲戚，带着孩子到乡下一起做农活。仅仅花了 10 天的时间，孩子再也不浪费粮食了，因为他懂得了一粥一饭来之不易的道理，故而发自内心地珍惜粮食。

2000 多年前，荀子把有效教育和无效教育区分为"君子之学"和"小人之学"。"君子之学"是从耳朵进来，进入心中，从而影响到行为；"小人之学"则是从耳朵进来，从嘴巴出去，效果自然不尽如人意。

把讲道理当成教育，是一些父母的通病。教育孩子，如果仅仅以"以理服人"，强迫孩子接受自己口头上的"道理"，就是在使蛮力，是思维懒惰的表现。教育是门艺术，要使孩子明白道理，不仅要把道理告诉他，还要让他有机会在实践中获得经验，这是教育孩子的第三个秘密。

"蓬生麻中，不扶而直；白沙在涅，与之俱黑"，环境是孩子成长的关键因素。我有一个做教育培训的朋友，他的孩子每天放学回家，都会看到父亲在学习或者在练字，母亲则操持着家务。孩子在家庭的熏陶下，也成长得非常健康。

试想，如果一个孩子每天放学回家看见父亲在抽烟、打游戏，母亲在追剧、刷视频，夫妻俩还经常吵架。你觉得这个孩子的成长会怎么样呢？

营造一个良好的家庭环境，对孩子的成长至关重要。人是环境的产物，一个人接触到的人、事、物都会在潜移默化中影响着他。孩子的所见、所闻、所知、所感、所想都在让他成长，这是教育孩子的第四个秘密。

我们常常把自己的梦想强加给孩子。我们的期望是热烈的，梦想是伟大的，但中国不可能遍地都是科学家、名人和大师。人生就像一场马拉松比赛，起跑的时候，谁站在第一排并不重要，重要的是，谁能坚持跑到终点。一时的抢跑，并不能决定最终的胜利。

对于孩子的教育，父母做到尽心尽力就可以了，至于孩子能取得多大的成绩，父母要以平常心对待，千万不要把孩子当成实现自己梦想的工具，更不能让孩子的生活失去平衡。人生是孩子自己的，让他明白人生的意义比什么都重要。成功没有统一的标准，做一个幸福的普通人，也是一种成功，这是教育孩子的第五个秘密。

0~2岁要对孩子进行情感的培养，3~5岁要对孩子进行性格的培养，6~12岁要对孩子进行学习能力的培养，13~18岁要对孩子进行心理健康的培养。每个阶段的关注重点是不一样的。对孩子的教育，应该特别关注以下两点：

第一，善待自己的孩子，就是善待这个社会。孩子从小没有被善待过，成年后就不会善待这个社会。善待孩子，才能让孩子有一颗善良的心。

第二，培养孩子孝顺长辈、负责任、乐于奉献的品格，使其逐步建立优秀、健全的人格。另外，在适龄阶段对孩子进行抗压训练，可以提高他们的抗压能力。

我们给予孩子最大的财富，不一定是物质的财富，思想、精神和能力的财富才是永恒的财富。

与其居高临下地教育孩子，不如与孩子共同学习、共同进步，这才是最好的成长姿态。最后，不要问别人家的孩子为什么总是比我的孩子优秀，而要问我为孩子做了哪些事情。

【极速小语：对于孩子的教育，越早进入正确的轨道，付出的代价越小，效果越好；反之，付出的代价越大，效果越差。】

7.8　伟大创举：开创幸福生活的家庭制度

我们如何才能拥有一个幸福的家庭呢？其实很简单，就是让每个家庭成员都能获得触手可及的幸福感。而这种幸福感，来自哪里呢？

每一个家庭成员，都有自己的诉求。比如，我们的父母操劳了一生，还没怎么享福，就步入老年生活了；又比如，我们的孩子迫于身份的"压力"，总感觉自己生活在家庭的"底层"，由于没有和大人对等的"权利"，缺乏一定的"话语权"，他们常常感到特别压抑。

一个朋友主动推翻了"等级森严"的家庭制度，和孩子成了无话不谈的好朋友。他们还缔结了"幸福条约"，约定一起学习，共同进步。孩子因此拥有了一段快乐的童年生活。

每个人心底都有一些小小的愿望，理解他们，尊重他们，走进他们的内心，帮助他们实现心中的梦想，就能收获满满的幸福感。

我们再来看看婚姻，一位教授对成功婚姻的定义非常简单，就 2 条：

一是自己做个好人。

二是再找一个好人。

有人问教授，如果这 2 条没有做到，该怎么办呢？教授说，那就需要做到以下 4 条：包容、理解、忍让、接受。

有人说，这比较难，还有没有其他办法？

教授说，如果做不到这4条，那就需要做到以下16条：不要同时发脾气；争执时，让对方赢；批评时，要出于爱；所有的矛盾，不过夜；随时准备认错道歉……

有人说，这太难了。教授说，如果做不到这16条，那就需要做到以下128条，不过到这一步已经很危险了……教授正准备一一列举时，在场的很多人都受不了了，纷纷说道："我还是选择做个好人吧！"

所以，夫妻最佳的相处模式就是，"我是一个好人，你也是个好人"。当大家都是好人时，就没有那么多条约、规则了。夫妻间相亲相爱还来不及，哪有时间去磕磕碰碰呢？

说到底，这是个人修养的问题，个人修养好了，夫妻关系自然就和谐了。婚姻其实就是和对方的优点谈恋爱，却要和对方的缺点生活在一起，不断改正自己的缺点，就是不断提升幸福感的过程。

一个成熟的企业，最重要的是企业文化；一个幸福的家庭，最重要的是家庭文化。老人们常说"吃亏是福"，这是一种社交文化。我把"吃亏是福"改为"吃亏享福"，这是第一个家庭文化，也是家庭文化的核心。

在一个家庭中，如果大家都以自我为中心，就会损害其他人的利益，从而引发家庭矛盾；如果大家都有一种"吃亏"的精神，家庭就会呈现出一片其乐融融的景象。

这种"吃亏享福"的家庭文化力量非常强大，甚至终结了历史上的难题——婆媳关系。一个朋友对岳父岳母非常好，甚至超过了对自己父母的好，他的妻子感动不已，又加倍对自己的公公婆婆好，这就是爱出者爱返。

第二个家庭文化叫作"赞美他人"。在家庭中，如果谁做得好，即使是很小的一件事，也要毫不吝啬地赞美。只有及时地肯定和鼓励，才有源源不断的动力，整个家庭才会在彼此的赞美中，洋溢着幸福的味道。

第三个家庭文化是"自我批评"。在家庭中，指责他人是最低级的错误，而自我批评是最高级的成长。认识到自己的不足，主动承认自己的错误，勇于自我批评，不断成长，才是对家庭最大的奉献。

其实，家庭也需要经营和管理。在这里介绍一个很厉害的家庭会议制度，是我在某上市公司老总那里学到的。他的家庭幸福指数之所以很高，这个家庭会议制度发挥了关键作用。

这个家庭会议制度要求每个家庭成员都必须参加，并要遵守相关规定。会议一般为1月1次，大致内容和流程如下：

（1）确定主持人。主持人由每个家庭成员每月轮流担任，人人有份。

（2）发言顺序。一般按照丈夫、妻子、儿女、老人的顺序进行发言。

（3）工作汇报。每个人对本月的主要工作、取得的成绩、解决的问题进行发言。比如，丈夫汇报完成的任务，获得的成绩；妻子分享家庭工作，辅导孩子的成果；儿女讲讲学到的新知识，成长的感悟；老人说说健康知识，身体情况等。

（4）制定目标。下个月或下个阶段，自己要完成哪些工作，达成什么目标。

（5）赞美他人。对其他家庭成员进行真诚的赞美。

（6）自我批评。针对自己做得不好的地方，主动做检讨，并制订改善计划。

（7）每次会议都设计了小惊喜环节，总有人会得到意外的惊喜，比如小礼物、纪念品、家庭突出贡献奖等，或者积攒小星星，达到一定数量后，可以兑换神秘大奖。

不同的家庭，可以根据实际情况组织实施家庭会议制度。通过开家庭会议，每个家庭成员都可以知道其他人做了什么，取得了哪些成绩，解决了什么问题，下一步的发展情况。这样会让整个家庭更和谐，更有温度，更有凝聚力。

一个不成长的人，会影响其他家庭成员的成长，大家相互渗透、相互感染，就会陷入恶性循环。所以，成长不是一个人的事，只有每个人都成长，家庭才能成长。

【极速小语：有家的地方才有幸福。世界很大，幸福很小，有家回，有人等，一起陪伴，一起成长，便是幸福。】

7.9 做自己的人生设计师

苏格拉底说:"未经审视的人生,不值得度过。"那么,未经设计过的人生,会不会也有一点随意呢?人生就像盖房子,我们就是设计师,只有做好人生的顶层设计,才能成就更好的自己。

人生最大的悲哀,莫过于人云亦云、随波逐流,纵然千帆过尽、历尽沧桑,却不知道自己真正要什么。我们常常被主流思想所设计,被生活的惯性所牵引,但这是我们想要的人生吗?

我们从出生到65岁,会经历五个阶段:成长阶段、探索阶段、建立阶段、维持阶段和衰退阶段。65岁以后,回首过往,如果我们"不因虚度年华而悔恨,也不因碌碌无为而羞愧",我们的人生才是有意义的。

别人说我不善表达的时候,我就去练习演讲;别人说做礼品只需要模仿的时候,我就去设计爆品;别人说不看好一家公司的时候,我就帮它实现销量百倍增长;别人说没有时间去创作的时候,我正在写这本书。

无论别人怎么说,都不能替我设计人生,因为别人永远不会为我的人生负责,我才是自己的主角。那么,我们怎么才能设计出自己的精彩人生呢?

第一,制定人生目标,找到正确方向。

在制定人生目标时,我们一定要明确:我要成为什么样的人?我为什么而活？只有明确自己想要什么，并了解目标深层的意义和价值，我们才会积极、主动地付诸行动。

把与目标相关的重要事情罗列出来，比如工作、生活、社交、健康、教育、家庭等，然后制订详细的目标实施计划。作为优秀的设计师，如果没有具体的执行方案，再高的设计水平都毫无意义。

在设计过程中，我们一定要结合自己的情况，发挥自己的优势，在正确的方向上努力。我们只有深刻理解自己当下的位置，才能更好地规划终点，最终到达目的地。

第二，对生活保持好奇心，探索多个自我。

用设计师思维去规划人生，人生才会与众不同。设计师只有保持对生活的好奇心，才能发现人生更多的色彩。达·芬奇上知天文、下晓地理，艺术、科学、建筑、医学无一不通，他对事物强烈的好奇心，让他取得了巨大的成就。

人并不是只有一个自我，随着时间的推移、环境的改变、经验的累积、机遇的呈现，我们会发现不同的自我，只有保持强烈的求知欲，放下"执我"，才能发现更多的"自我"，从而设计出更精彩的人生。

第三，小跑试错，快速迭代，优化自我。

学会记录美好的生活，是保证持续行动、培养良好习惯的重要方法。通过记录，我们可以关注自己的"心流体验"和能量水平，找到行动过程中的"成就事件"。当我们达成一个个目标后，我们就会获得成就感和满足感，从而激发自己更大的潜能。

同时，我们要培养自己的设计师思维，思考多种方案。赛马前，谁也不知道哪匹马会胜出。面对人生的设计稿，哪个方案才是最优的呢？谁也不能给出正确的答案。人生最大的错误，在于想得太多，而做得太少，只有采取行动，不断试错，不断迭代，持续进化，才能确定最佳设计方案，并收获理想的结果。

第四，保持多样性，提升反脆弱能力。

在采取行动的过程中，我们既要专业、专一、专注，全身心地投入，也要随时关注变化，提高警惕，适应环境。只有审时度势，适时调整，探索方案的多样性，我们才能获得更强的竞争力。

人生不能只有一条路，除了A计划，设计师还应该提前设计好B计划、C计划，这样才不至于无路可退，输得狼狈。破釜沉舟是置之死地而后生的无奈之举，我们千万不要在有选择的时候，就把自己逼到绝境。只有保持变通性、灵活性，做好风险控制，我们才能提高人生的胜算。

第五，接纳失败，调整方向，重新上路。

人生是一个过程，而不是一个结果，这个过程充满变化和挑战。我们既要做好迎接失败的准备，也要时刻保持乐观的心态。接纳失败，才有资格获得成功。人生经历的所有挫折和磨难，不过是成功路上的垫脚石。我们应该在错误中吸取教训、重新上路，而不应该在失败的泥潭中无法自拔。换个心境看成败，换个视角看世界，我们才能真正掌控自己的人生。请记住：人生如棋，我们是棋手，而不是棋子。

无论年轻与否，我们都可以设计自己的人生与未来。现在就开始行动，拿出纸笔，写出你的梦想，执着你的热爱，做好人生规划，用心勾勒你的幸福生活吧！

如何才能幸福地过好这一生呢？做你想做的事，追逐你想完成的梦想，活出你想要的精彩。人生没有固定的格式，以自己喜欢的方式度过一生，便是幸福的人生。

世界太大，人生太短。在人生的旅途中，愿我们不忘初心，不畏艰险，风雨兼程，一路向前，完成自己设计的人生蓝图，做一名幸福的人生设计师吧！

【极速小语：我们没有选择人生起点的能力，但我们有设计人生的权利，做自己的设计师，把命运掌握在自己手里。】